果壳里的60年
Sixty Years in a Nutshell

[英] 史蒂芬·霍金 等 著　李泳 译
Stephen Hawking

U0157860

湖南科学技术出版社

THE
FIRST
MOVER

总序

《第一推动丛书》编委会

　　科学，特别是自然科学，最重要的目标之一，就是追寻科学本身的原动力，或曰追寻其第一推动。同时，科学的这种追求精神本身，又成为社会发展和人类进步的一种最基本的推动。

　　科学总是寻求发现和了解客观世界的新现象，研究和掌握新规律，总是在不懈地追求真理。科学是认真的、严谨的、实事求是的，同时，科学又是创造的。科学的最基本态度之一就是疑问，科学的最基本精神之一就是批判。

　　的确，科学活动，特别是自然科学活动，比起其他的人类活动来，其最基本特征就是不断进步。哪怕在其他方面倒退的时候，科学却总是进步着，即使是缓慢而艰难的进步。这表明，自然科学活动中包含着人类的最进步因素。

　　正是在这个意义上，科学堪称为人类进步的"第一推动"。

　　科学教育，特别是自然科学的教育，是提高人们素质的重要因素，是现代教育的一个核心。科学教育不仅使人获得生活和工作所需的知识和技能，更重要的是使人获得科学思想、科学精神、科学态度以及科学方法的熏陶和培养，使人获得非生物本能的智慧，获得非与生俱来的灵魂。可以这样说，没有科学的"教育"，只是培养信仰，而不是教育。没有受过科学教育的人，只能称为受过训练，而非受过教育。

　　正是在这个意义上，科学堪称为使人进化为现代人的"第一推动"。

　　近百年来，无数仁人志士意识到，强国富民再造中国离不开科学技术，他们为摆脱愚昧与无知做了艰苦卓绝的奋斗。中国的科学先贤们代代相传，不遗余力地为中国的进步献身于科学启蒙运动，以图完成国人的强国梦。然而可以说，这个目标远未达到。今日的中国需要新的科学启蒙，需要现代科学教育。只有全社会的人具备较高的科学素质，以科学的精神和思想、科学的态度和方法作为探讨和解决各类问题的共同基础和出发点，社会才能更好地向前发展和进步。因此，中国的进步离不开科学，是毋庸置疑的。

　　正是在这个意义上，似乎可以说，科学已被公认是中国进步所必不可少的推动。

　　然而，这并不意味着，科学的精神也同样地被公认和接受。虽然，科学已渗透到社会的各个领域和层面，科学的价值和地位也更高了，但是，毋庸讳言，在一定的范围内或某些特定时候，人们只是承认"科学是有用的"，只停留在对科学所带来的结果的接受和承认，而不是对科学的原动力 —— 科学的精神的接受和承认。此种现象的存在也是不能忽视的。

　　科学的精神之一，是它自身就是自身的"第一推动"。也就是说，科学活动在原则上不隶属于服务于神学，不隶属于服务于儒学，科学活动在原则上也不隶属于服务于任何哲学。科学是超越宗教差别的，超越民族差别的，超越党派差别的，超越文化和地域差别的，科学是普适的、独立的，它自身就是自身的主宰。

    湖南科学技术出版社精选了一批关于科学思想和科学精神的世界名著，请有关学者译成中文出版，其目的就是为了传播科学精神和科学思想，特别是自然科学的精神和思想，从而起到倡导科学精神，推动科技发展，对全民进行新的科学启蒙和科学教育的作用，为中国的进步做一点推动。丛书定名为"第一推动"，当然并非说其中每一册都是第一推动，但是可以肯定，蕴含在每一册中的科学的内容、观点、思想和精神，都会使你或多或少地更接近第一推动，或多或少地发现自身如何成为自身的主宰。

出版30年序
苹果与利剑

龚曙光

2022年10月12日

从上次为这套丛书作序到今天，正好五年。

这五年，世界过得艰难而悲催！先是新冠病毒肆虐，后是俄乌冲突爆发，再是核战阴云笼罩……几乎猝不及防，人类沦陷在了接踵而至的灾难中。一方面，面对疫情人们寄望科学救助，结果是呼而未应；一方面，面对战争人们反对科技赋能，结果是拒而不止。科技像一柄利剑，以其造福与为祸的双刃，深深地刺伤了人们安宁平静的生活，以及对于人类文明的信心。

在此时点，我们再谈科学，再谈科普，心情难免忧郁而且纠结。尽管科学伦理是个古老问题，但当她不再是一个学术命题，而是一个生存难题时，我的确做不到无动于衷，漠然置之。欣赏科普的极端智慧和极致想象，如同欣赏那些伟大的思想和不朽的艺术，都需要一种相对安妥宁静的心境。相比于五年前，这种心境无疑已时过境迁。

然而，除了执拗地相信科学能拯救科学并且拯救人类，我们还能有其他的选择吗？我当然知道，科技从来都是一把双刃剑，但我相信，科普却永远是无害的，她就像一只坠落的苹果，一面是极端的智慧，一面是极致的想象。

我很怀念五年前作序时的心情，那是一种对科学的纯净信仰，对科普的纯粹审美。我愿意将这篇序言附录于后，以此纪念这套丛书出版发行的黄金岁月，以此呼唤科学技术和平发展的黄金时代。

出版25年序
一个坠落苹果的两面：
极端智慧与极致想象

龚曙光
2017年9月8日凌晨于抱朴庐

　　连我们自己也很惊讶,《第一推动丛书》已经出了 25 年。

　　或许,因为全神贯注于每一本书的编辑和出版细节,反倒忽视了这套丛书的出版历程,忽视了自己头上的黑发渐染霜雪,忽视了团队编辑的老退新替,忽视了好些早年的读者已经成长为多个领域的栋梁。

　　对于一套丛书的出版而言,25 年的确是一段不短的历程;对于科学研究的进程而言,四分之一个世纪更是一部跨越式的历史。古人"洞中方七日,世上已千秋"的时间感,用来形容人类科学探求的日新月异,倒也恰当和准确。回头看看我们逐年出版的这些科普著作,许多当年的假设已经被证实,也有一些结论被证伪;许多当年的理论已经被孵化,也有一些发明被淘汰……

　　无论这些著作阐释的学科和学说属于以上所说的哪种状况,都本质地呈现了科学探索的旨趣与真相:科学永远是一个求真的过程,所谓的真理,都只是这一过程中的阶段性成果。论证被想象讪笑,结论被假设挑衅,人类以其最优越的物种秉赋 —— 智慧,让锐利无比的理性之刃,和绚烂无比的想象之花相克相生,相否相成。在形形色色的生活中,似乎没有哪一个领域如同科学探索一样,既是一次次伟大的理性历险,又是一次次极致的感性审美。科学家们穷其毕生所奉献的,不仅仅是我们无法发现的科学结论,还是我们无法展开的绚丽想象。在我们难以感知的极小与极大世界中,没有他们记历这些伟大历险和极致审美的科普著作,我们不但永远无法洞悉我们赖以生存的世界的各种奥秘,无法领略我们难以抵达世界的各种美丽,更无法认知人类在找到真理和遭遇美景时的心路历程。在这个意义上,科普是人类极端智慧和极致审美的结晶，是物种独有的精神文本，是人类任何其他创造 —— 神学、哲学、文学和艺术都无法替代的文明载体。

在神学家给出"我是谁"的结论后，整个人类，不仅仅是科学家，也包括庸常生活中的我们，都企图突破宗教教义的铁窗，自由探求世界的本质。于是，时间、物质和本源，成为了人类共同的终极探寻之地，成为了人类突破慵懒、挣脱琐碎、拒绝因袭的历险之旅。这一旅程中，引领着我们艰难而快乐前行的，是那一代又一代最伟大的科学家。他们是极端的智者和极致的幻想家，是真理的先知和审美的天使。

我曾有幸采访《时间简史》的作者史蒂芬·霍金，他痛苦地斜躺在轮椅上，用特制的语音器和我交谈。聆听着由他按击出的极其单调的金属般的音符，我确信，那个只留下萎缩的躯干和游丝一般生命气息的智者就是先知，就是上帝遣派给人类的孤独使者。倘若不是亲眼所见，你根本无法相信，那些深奥到极致而又浅白到极致，简练到极致而又美丽到极致的天书，竟是他蜷缩在轮椅上，用唯一能够动弹的手指，一个语音一个语音按击出来的。如果不是为了引导人类，你想象不出他人生此行还能有其他的目的。

无怪《时间简史》如此畅销！自出版始，每年都在中文图书的畅销榜上。其实何止《时间简史》，霍金的其他著作，《第一推动丛书》所遴选的其他作者的著作，25年来都在热销。据此我们相信，这些著作不仅属于某一代人，甚至不仅属于20世纪。只要人类仍在为时间、物质乃至本源的命题所困扰，只要人类仍在为求真与审美的本能所驱动，丛书中的著作便是永不过时的启蒙读本，永不熄灭的引领之光。

虽然著作中的某些假说会被否定，某些理论会被超越，但科学家们探求真理的精神，思考宇宙的智慧，感悟时空的审美，必将与日月同辉，成为人类进化中永不腐朽的历史界碑。

因而在25年这一时间节点上，我们合集再版这套丛书，便不只是为了纪念出版行为本身，更多的则是为了彰显这些著作的不朽，为了向新的时代和新的读者告白：21世纪不仅需要科学的功利，还需要科学的审美。

当然，我们深知，并非所有的发现都为人类带来福祉，并非所有的创造都为世界带来安宁。在科学仍在为政治集团和经济集团所利用，甚至垄断的时代，初衷与结果悖反、无辜与有罪并存的科学公案屡见不鲜。对于科学可能带来的负能量，只能由了解科技的公民用群体的意愿抑制和抵消：选择推进人类进化的科学方向，选择造福人类生存的科学发现，是每个现代公民对自己，也是对物种应当肩负的一份责任、应该表达的一种诉求！在这一理解上，我们不但将科普阅读视为一种个人爱好，而且视为一种公共使命！

牛顿站在苹果树下，在苹果坠落的那一刹那，他的顿悟一定不只包含了对于地心引力的推断，也包含了对于苹果与地球、地球与行星、行星与未知宇宙奇妙关系的想象。我相信，那不仅仅是一次枯燥之极的理性推演，也是一次瑰丽之极的感性审美……

如果说，求真与审美是这套丛书难以评估的价值，那么，极端的智慧与极致的想象，就是这套丛书无法穷尽的魅力！

目录

引言　　　　　　　　　　　　　李泳
理论物理学和宇宙学的未来

　　1642年1月8日，伽利略逝世；同年，牛顿降生。300年后，在伽利略逝世那天，史蒂芬・霍金来到这个世界。"在伽利略逝世300年后诞生，在牛顿310年后接任卢卡斯教授，上天似乎以数字来注定了霍金的成功。"剑桥大学副校长 Alec Broers 爵士如是说。霍金说那天出生的孩子大概有20万个，没什么特别的。但我们多少有些遗憾（或幸运）地看到，史蒂芬只有一个，奇特的生命造就了奇特的贡献，正如英国粒子物理与天文学研究理事会（PPARC）主席 Ian Halliday 教授说的：

> 霍金不但是全球闻名的一流的科学家，能在同行中间激起热烈的反响，还是全世界的科学使者。他的贡献已经远远超出了科学界。史蒂芬真正把基本物理学的快乐带给了大众，空前提升了大众对宇宙和物理学的认识和知识水平。

　　关于史蒂芬的成就，他的合作者 George Ellis 做过简单而具体的概括：

　　1）广义相对论在宇宙学的应用：爱因斯坦场方程解的数学性质，微扰解，奇点定理；

2）广义相对论在黑洞的应用：黑洞的惟一性，黑洞热力学，面积定理；

3）弯曲时空的量子场论：黑洞的粒子生成，黑洞蒸发，量子信息疑难；

4）半经典引力与量子引力：路径积分，瞬子，宇宙波函数，无边界条件；

5）促进公众对科学的理解：特别是《时间简史》和《果壳中的宇宙》。

霍金有很多学生，"三师兄"Bernard Carr的话也许是大家的心声：

> 最近有人问我，跟霍金的日子是不是我学术生涯的鼎盛时期。如果发现自己学术生涯的顶峰竟然就在开始的时候，那是相当令人泄气的，所以我希望回答说不！然而不管怎么说，我在霍金身边的日子确实是激动人心的，我会永远感谢他给了我那么好的开端。

普通大众认识霍金，多半从他的"人"开始，然后关注他的书和他的科学。还是Carr的话，说明了史蒂芬的幽默，也反映了人们对他的好奇和崇敬：

> 一个女游客在街上拦住他，问他是不是那个著名的史蒂芬·霍金，他说真的那位比他好看多了！确实，我常想一

定还有更多的霍金才可能有那么多重要的发现。我祝愿他
们每个人60岁生日快乐！

　　霍金60岁生日的庆祝活动，2002年1月在剑桥大学隆重举行。
在数学科学中心召开了两个会：1月7—10日的学术讨论会和11日的
报告会。在报告会上，霍金和4个科学家做了普及演讲，英国BBC电
视4台在2002年8月5—8日播放了这些演讲，题目是《霍金演讲》
(*The Hawking Lectures*)，也就是我们选编在这里的东西。

图1　霍金来参加报告会，吸引了600多名与会者和媒体记者

　　为了让有兴趣的读者能更多了解大会报告的内容，我们学着普及
演讲的作风，把相关的主题"普及"出来，作为引言，因而题目也"不
惭地"借了大会那个"大"标题："理论物理学和宇宙学的未来"——
其实更多的是"现在"，从现在看未来——那也是剑桥大学出版社结
集出版的演讲集的标题。选择这个题目，是因为霍金在1980年做卢

图2 霍金在会场上

卡斯教授就职演说时，曾经发问"理论物理学的尽头就在眼前吗？"他当年回答"是"，而且说那最后的理论就是超引力；现在我们可以说，当然不是。

这里讲的主要是概念，同时也考虑了趣味，难免带着个人的偏爱——相同现象引出不同问题，相同问题引出不同解答，多少都跟作者的"偏爱"有关。我们还特别突出了某些概念的渊源，增加了一些历史"追忆"——所谓历史，多半是正在发生的故事。技术性太强或者说来话长的东西，只好"不着一字"，而只是提出科学家们正在关心的问题。孟德斯鸠说得好："谈一件事情，不必把话说完，只要能使人思考，这就够了。"

为了不让引言成为主题索引，我们没有把它写成报告的摘要汇编（因此很抱歉有些报告者的名字没能出现；另外，为方便读者检索文献，出现的人物，除了霍金之外，都用原名，就不给另起"中国名字"了）。材料直接来自作者们（包括没有参加会议的作者）的原始论文，几乎"无一字无来处"，希望多少能给读者留下某些概念发展的轮廓。

大会分8个主题：时空奇点，黑洞，霍金辐射，量子引力，M理论，德西特（de Sitter）空间，量子宇宙学，宇宙学。霍金曾先后（而且仍然）活跃在这些领域，我们几乎可以在每个角落看到他的思想的影子。Wheeler说过，霍金的思想，即使随便谈谈，也有咀嚼口香糖的滋味儿，那就让我们一点点来品味吧。

起　点

我们先给自己找个落脚点。与其他学科相比，物理学也许有一点"幸运的区别"：它有一个现成的特征量，代表当前的"处境"，那就是它（或者"我们"）到实现大统一的距离。换句话说，我们至少隐约知道未来有多远。像下面的物理学演化的"Michelin指南"，是一张借来的幻灯片。2003年9月，Gabriele Veneziano 在 CERN（欧洲核子研究中心）以它打头来报告"弦理论的开端：自然如何欺骗我们60年"。图中箭头指向的那一点，就是我们现在的位置。

能量尺度从数值上说明了我们距离未来那个"万物之理"（TOE）还有多远：超对称破缺的能量（弱电作用尺度）大约是100 GeV～1 TeV（10^{11}～10^{12} eV），CERN的巨型重子对撞机（LHC）有可能在几年之后发现它们；目前活跃的研究领域，能量也在TeV量级。而量子引力的特征能量尺度（普朗克能量）为10^{19} GeV。

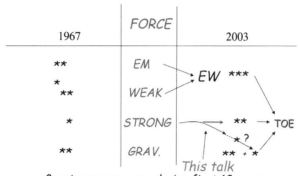

图3　物理学的Michelin指南［来自Gabriele Veneziano在CERN的演讲］[1]

　　两个尺度的巨大差距，是所谓的"等级问题"。过去把普朗克尺度作为基本的，通过某些机制（如超对称破缺）来导出弱电作用尺度。现在我们反过来，把弱作用尺度看作基本的，而把普朗克尺度看作衍生出来的。后者的巨大是因为引力太弱，而引力太弱是因为它散布到了紧化的额外空间。那个基本的普朗克尺度被简单叫作TeV尺度的引力（TeVG）。最显著的一点是，基本尺度缩小了，相应的紧化的多维空间就变大了。我们有可能通过实验看到额外空间的现象，看到量子引力的其他效应；而更重要的是，能在粒子碰撞中产生黑洞。加州大学Giddings在10个理论物理学家中做了一个有趣的民意测试，假如明白了TeV尺度的物理学，他们给下面4个理论赋予的成功概率分

1. Michelin原是法国的一家兄弟公司，从橡胶做到轮胎，顺便也倡导了法国的路标和道路地图。1900年出版第一本《指南》，后来成了名牌。1961年美国《时代》杂志评论说："它是法国的美食圣经。从巴黎到比利牛斯山脉，每个饭店的名声都要指南来确定。除非你不想享受美食，要不就得把厚厚的红色指南放进汽车里。"如今，它对世界旅游景点（绿色指南）和饭店（红色指南）的品评，是旅游界的权威评判。

别是：TeVG：0～25％；超对称：25％～100％；标准模型：0～30％；其他：5％～65％。弦理论先驱 Edward Witten 也指望 TeV 水平的超对称的发现，能给弦理论带来新的推动。

根据 Giddings 的"幻想"，霍金应该收到一封来自 CERN 的信，大概说：

> 霍金教授：
>
> 我们请您留意将在明天的记者会上发布的一个消息。最近，由于 LHC 的启动，ATLAS 和 CMS 发现了大量事件……都满足 TeV 尺度的黑洞产物，尤其符合您关于黑洞辐射向高维扩张的预言……

这封信也将在霍金生日那天发出，不过那是 2008 年的事情了！

时空奇点

奇点定理

霍金是从奇点定理"起家"的。20 世纪 60 年代，他和 Roger Penrose 发现，如果经典的（即非量子的）广义相对论是对的，那么不论宇宙的大爆炸开端，还是黑洞引力坍缩的终结，都会产生时空奇点。奇点定理是人类文明关于时空命运的第一个数学宣言，借一句老话说，它是"数学的一小步，宇宙学的一大步。"奇点定理的成立，依赖于时空的因果结构和能量条件。其中最重要的是所谓"主能量条件"。这个条件的意思很简单：任何观测者看到的局部能量都是正的（这是所谓的弱能量条件），而且能量流的速度不能超过光速。主能量条件的一个结果就是，经典理论不允许物质"无中生有"（*ex nihilo*）。[1] 根据我们目前观测的宇宙微波背景，奇点定理的条件确实是存在的。

大爆炸奇点意味着宇宙有一个开端，它所有的物理量都是无穷大；而且，那开端没有"以前"，也没有"这里"和"那里"。不论大众的普遍心理，还是抽象的哲学纲领，都不会满意这种情况，它几乎剥夺了我们疑问的权力，或者至少规定了我们提问的方式。我们过去常常面临理论与现实的矛盾，而现在的境遇是，理论与传统思想发生了矛盾。"一切都变了，彻底地变了：一种可怕的美已经降生。"[2] 实际上，正因为理论"符合"事实，我们才甘愿忍受那"可怕的美"。在广义相对论的方程中添加一个巨大的斥力，就可以避免奇点，但这要求很大的宇宙学常数，而据我们今天的观测（宇宙的膨胀），宇宙学常数不能超过 $10^{-56}\,\mathrm{cm}^{-2}$。

从数学来说，各种情形的霍金奇点都不过是测地线不完备的表现：它们不能无限延伸，中断的地方就是奇点。实际上，不同的数学条件可以产生不同"形态"（不同拓扑）的奇性，于是奇点可能像"雪茄"，也可能像"煎饼"。但我们不知道不同类型的奇点在宇宙出现的概率有多大。

---

1. Brandon Carter 告诉大家，关于这个课题，同学们最好钻研霍金的《时空的大尺度结构》。它最近的重印本还完全是 30 多年前第一版的形式，它的中译本也即将由湖南科学技术出版社出版。
2. 叶芝（William B. Yeats）的诗句（*Easter*, 1916）。

能量的正定性条件在高维理论（如超弦理论）中遇到了一点儿麻烦，出现了所谓的"负张力膜"。在寻常的建筑结构中，负张力的膜可以在柱子的支撑下达到很稳定的状态，但真正的没有厚度的膜（也就是我们理论中的2维膜），在边缘微扰下却是不稳定的。更大的问题还不在这里，而在于膜的质量密度也可能是负的。不过，Witten认为，"违背弱能量条件的物理学很可能都是不稳定的"。

Penrose认为，眼下的弦理论都没有认真考虑它引发的数学问题。他还指出，奇点定理在高维空间也成立。我们的愿望是，量子引力能解决奇点问题。奇点定理需要量子引力，大统一理论也可能需要它，两者追求不同，却在同一个方向，这不也很令人惊讶吗？

时序保护

时间旅行有两个有名的疑难：祖父悖论（孙子回到过去把爷爷杀死）和靴带悖论（事件的结果是它本身的原因）。在这里，最令人困惑和排斥的地方，不在空间的奇异，而在时间的闭合，也就是时间次序的破坏（回到过去，改变历史）。"实现"这个目标的物理路径是所谓的"类时闭合曲线"，在经典广义相对论中，它们的确是可能出现的。几十年前，Kurt Gödel就讨论过了。

类时闭合曲线是另一种时空奇异现象。Penrose请"宇宙监督"来遮掩裸奇点，霍金则提出"时序保护猜想"来保卫历史：

假如谁想卷曲时空回到过去，真空极化效应将使能量

动量张量的期望值变得很大。把这样的能量动量张量放回
爱因斯坦方程，结果似乎不会产生时间机器。看来，存在
某个时序的保护者，在阻止闭合类时曲线的出现，从而为
历史学家创造一个安全的世界。

这个问题不寻常：我们过去何曾怀疑时间顺序可能被破坏呢？这
样看来，它跟时空相对性的意义是同样深远的，而且似乎把同时
性推进了一步：有了它，结果才不会发生在原因之前。问题之所以存在，
是因为在广义相对论中我们并不能理所当然地假定时序。因为，广义
相对论本质上是"定域的"理论，不可能以自然的方式给时空强加整
体的约束（因果性也是一种约束）。换句话说，相对论不能决定空间
的整体拓扑——我们不是在通过一些大尺度的观测来猜想宇宙是开
放还是封闭吗？时间的拓扑同样也不能拿爱因斯坦方程来决定。因此，
我们完全可能面临奇异的时间拓扑。实际上，爱因斯坦方程有许多标
准的解都具有非正常的时间方式，例如Gödel宇宙、Kerr-Newman时
空、Wheeler的虫洞（时空泡沫）、Thorne的时间机器，以及更多不那
么出名的数学品。

时序保护问题也引出一个"视界"：越过那边界，时序就将被破
坏。人们常认为，光线在黑洞视界的无限红移也许能打开普朗克尺度
的一扇窗户。同样，我们也可能在时序视界附近的区域遭遇普朗克尺
度的物理学（看见那个尺度的几何涨落）。

黑　洞

黑洞之旅

霍金曾多次回忆，他是从奇点走进黑洞的。Werner Israel 也在报告里回顾说：

> 史蒂芬积极走进萌芽的 [黑洞] 领域，基础是他在奇点定理的工作 …… 他一到来，就带着清新的气息：1971年，在短短几个月里，他奉献了三篇里程碑式的论文。第一篇是关于原初黑洞的；第二篇带来了面积定理；第三篇找到了惟一性定理中丢失的一个环节，证明了平稳然而非静态的黑洞一定是轴对称的。这些论文是黑洞研究的第一股洪流，新的高潮是深入黑洞奥秘中心的量子发现，几乎让"黑洞"与"霍金"成了同义词。[1]

黑洞爱好者可能很多，我们不妨再来经历一次奇妙的黑洞旅行。霍金的朋友 Kip Thorne 在自己60岁生日的演讲中，想象了他经过黑洞视界的奇异经历：

> 当我接近奇点的时候，时空的卷曲先把我从头到脚地拉长，从左到右地挤扁，接着又把我从左到右地拉开，从

---

1. 霍金在"面积定理"文章中的一个脚注提到与 Penrose 的私下交流。Werner Israel 猜测，Penrose 也许已经知道面积定理，或者至少能很快计算它。"假如谁要用一句话来让 Penrose 成为新闻人物，只需要说，他曾经向霍金说过连霍金也不知道的关于黑洞的事情！"

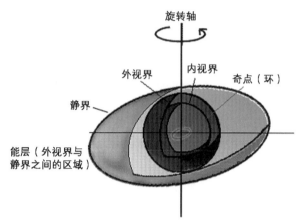

图4　旋转带电黑洞的结构。在静止极限椭球面之内，没有任何东西能保持静止；随着旋转速度的增大，内外视界趋向重合

头到脚地压缩。如此翻来覆去，不停地变换花样，越来越快，也越来越疯狂。不久，我的身体"没了"，只留下一卷"意大利面条"（这是Wheeler用过的术语）。然后，我的每一个原子也被卷成谁也分不清的意大利面条；然后，空间本身也卷成了面条。

　　实际上，黑洞内部问题的趣味在于，落进黑洞几乎就是时间的经历。例如，在球对称的史瓦西黑洞里，径向坐标变成了时间（"类时的"）坐标。这意味着，黑洞内部的问题是演化的问题，而不是结构的问题。幸运的是，我们很精确地知道演化的初始条件：随着引力坍缩，外场将趋于Kerr几何（旋转的带电黑洞的时空几何）——它就是黑洞内部演化的初始条件。这样一来，用爱因斯坦方程讨论黑洞的内部，就像用流体力学方程来推演湍流一样自然。这里的问题是，爱因斯坦的广义相对论在什么地方失败？不在黑洞中心的奇点（Kerr黑洞的奇点不是一点，而是一个环），而在"内视界"（在不带电、不旋转的史瓦西黑洞，内外视界是重合的）。一个宇航员，在他落到事件视界的瞬间，还能向外面发出最后一刻的消息；同样，如果他进入黑洞，那么，在他到达内视界的瞬间，他还能接收到最后一点来自外面的消息。在那最后的时刻，外面宇宙的整个未来将在他的眼前飞快地闪过！（换个角度看，这是很好理解的：我们知道事件视界是时间无限延迟的界面，那么，颠倒过来，内视界是时间无限超前的界面。）

原初黑洞

Bernard Carr说，在祝贺霍金的生日时讲原初黑洞，真是再恰当不过了，因为史蒂芬正是原初黑洞的"父亲"。霍金科学生涯之初的一个惊人预言就是，在宇宙早期有可能形成很小的黑洞，它们至今仍然存在着，是大爆炸留下的"化石"。原初黑洞跟宇宙年龄密切相关，具有形成时刻（秒）的粒子视界的质量（以克为单位）：

$$M_{H(t)} \approx 10^{15}(t/10^{-23})$$

原初黑洞即使不存在，也是宇宙学的一个重要问题。假如真的存在，它将是若干基本问题的理想实验，例如，原初宇宙的不均匀性、宇宙学相变、引力常数、引力坍缩以及高能物理的一些问题。

在许多方面，原初黑洞很像重粒子，我们可以把这种相似推广到强外场作用下的黑洞对的生成。Steve Giddings指出，假如"大"额外维的理论是正确的，那么我们应该能在加速器中产生这些黑洞，这是令人惊喜的前景。假如我们生活在一个膜的世界，两个高能量的夸克碰撞，将形成黑洞。在引力作用下，黑洞可以脱离膜，延伸到所有的空间维。可以估计，假如黑洞的最小质量是 5～10 TeV，那么 LHC 能每秒产生1个。于是，LHC 成了黑洞工厂。如果最小质量是 10 TeV，我们每天也能造出 3 个来。实际上，宇宙线在外层大气圈的能量已经超过了 LHC（质心能量达到 400 TeV），遗憾的是，我们没有在宇宙线里发现任何黑洞的迹象。粗略估计，整个地球表面每年大约生成100个黑洞，对我们的观测来说，显然太少了。另外，普朗克尺度下的黑洞，可能终结我们对"小"距离的探索。因为，比普朗克长度还小的距离下的物理过程，其实是发生在黑洞里的，外面的观测者当然不可能发现。不过，事情还有好的一面。未来的实验家有可能制造更大的黑洞，从某个距离尺度起，这些黑洞将对额外维度的大小和形状或平行膜的特征发生敏感。所以，高能黑洞能帮助实验家摆脱膜的桎梏，成为开拓多维空间的工具。

在更高维的情形，黑洞也是多维的。额外空间的尺度将对黑洞的拓扑形态和稳定性产生决定性的影响。例如在5维时空（第5维紧化为一个圆），黑洞视界可能是3维球面（S^3），这当然是4维时空黑洞的推广；更有趣的是，视界的拓扑还可能是 $S^2 \times S^1$，这种东西一般被称为"黑弦"。相同的质量和电荷能生成不同的黑弦；如果紧化的圆太大，黑弦是不稳定的。过去认为黑弦能分化为两个黑洞，然后结合成一个黑洞，Horowitz 认为那是不对的。高维黑洞目前只露出冰山一角，更多的结构还藏在汪洋下面。例如，视界的拓扑结构，黑弦与黑洞之间的临界现象。而3维曲面的拓扑分类，也是一个悬而未决的传统数学难题。

霍金辐射

信息疑难

霍金从原初黑洞发现了黑洞的热辐射。这个发现引出许多深层的疑惑，例如，黑洞是完全蒸发还是会留下遗迹？假如完全蒸发，那些应该守恒的量子数呢？也许蒸发过程和它相应的虚过程会破坏所有的守恒律。但还有一个更大的疑惑：蒸发过程中的量子相干性呢？或者更通俗地说：所有的信息都到哪儿去了？

Susskind 为《科学美国人》杂志编了一个故事，让霍金与荷兰乌得勒支大学的 Gerard't Hooft 为一个信息丢失的案件出庭作证。下面是他们的谈话：

> H：在多数情形，信息被搞乱了，也就是丢失了。例如，把一副牌扔向空中，原先的次序就没有了。不过，原则上讲，如果我们精确知道牌是怎么扔出去的，那原来的次序还可以重新建立起来。这是所谓的微观可逆性。但我在1976年的一篇论文里证明，在经典和量子物理学中总是成立的微观可逆性，被黑洞破坏了。因为信息不可能从视界背后逃出来，所以黑洞本质上是新的不可逆之源。
>
> G：霍金错了。我相信黑洞不一定破坏通常的量子力学法则，否则理论就失控了。你在破坏微观可逆性时不可能不破坏能量守恒。倘若霍金是对的，宇宙的温度将在若干分之一秒的时间里升高到 10^{31} 摄氏度。既然不曾发生过

那样的事情，一定还有别的出路。

霍金在1975年8月的一篇文章（《可预言性在引力坍缩下的崩溃》）里提出：系统状态的部分信息丢失在黑洞里了，所以，黑洞蒸发后的最终状态不是一个纯量子态。信息丢失显然违背了量子力学的基本法则（也就是Penrose在演讲里讨论的幺正演化或"U［nitary］过程"）。举例来说，假如我们点燃两卷百科全书，那么，在原则上我们有可能从火苗和灰烬恢复它们各自的内容；不同的两卷图书，火苗和灰烬是不同的。于是，1997年2月，Preskill向霍金和他的朋友Thorne提出了挑战，他认为："当初始的纯量子态经过引力坍缩形成黑洞时，黑洞蒸发的最终状态将仍然是一个纯量子态。"（他们的赌约还在加州理工学院Thorne的办公室外展览呢。）他们的赌注就是一套百科全书，"为的是从它找回丢失的信息"。

40年来，疑难没有解决，人们开始怀疑"时空定域性"出了问题。

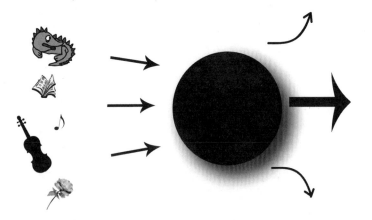

图5　在黑洞辐射中，信息似乎消失了

于是，20年前，Gerard't Hooft和斯坦福大学教授Leonard Susskind开始认真考虑物理学也许真的是非定域的，从而引出他们的"黑洞互补性原理"和"宇宙全息原理"。

所谓"互补"，指两个观察者的互补。黑洞外面的观察者发现自由下落的观察者要经历无限长的时间才可能通过视界，那时黑洞已经辐射干净了。对他来说，黑洞外面存在一个"膜"，保留着落向黑洞的那些物质的微观信息。而在下落者看来，并不存在那个膜，他不费气力就穿过了视界，而且不会觉察有什么霍金辐射。

从另一个角度来说，我们关心的是，自由下落者能不能给外面的观察者发送消息。答案是不能。Don Page发现，为了能从黑洞辐射获得一丝信息，必须等到黑洞的熵蒸发了一半，那时间大约是黑洞质量的3次方（M^3）。当外面的观测者穿过视界以后，他的时间只有exp（$-M^2$）。根据量子世界的不确定性原理，在这个时间尺度下，信息的能量应该是exp（M^2）。换句话说，为了给外面的观测者发送信息，自由下落者必须携带远远超过黑洞的能量。这当然是不可能的，就像我们不能让他把太平洋装进洞庭湖。因此，从外面的观测者看，黑洞跟寻常的复杂性系统一样，能吸收信息，也通过辐射发出信息，没有信息丢失。就是说，黑洞外面的世界是一个封闭系统。而自由下落的观测者会自然地穿过视界，任何稀奇事情都没有发生。

"黑洞（或视界）互补性"的哲学渊源显然可以追溯到我们熟悉的量子力学的互补性。而它确实也是一种"半经典"的观点，它假定了量子力学的幺正演化，也保留了广义相对论的等效原理：在弱引力场中，观测者在平直几何的空间自由下落，视界对他来说就像没有一样。更有趣的是，本来不可见的紫外涨落因为在视界附近发生红移，而能被外面的观测者所看见。这个事实的更一般意义在于，被观测的位置和被观测对象的扩展，都依赖于我们能看到高频的涨落。这就是所谓的紫外－红外关联。正如 Susskind 说的，视界互补性、全息原理和紫外－红外关联，是同一新思维的不同方面。

2003年11月，俄亥俄州立大学 Samir Mathur 等人为3荷（电、磁、旋转）黑洞构造了"毛"。他们提出，黑洞从中心到表面都充满了处于高度混沌状态的弦，每一根弦有各自的部分张力（所谓的"fractional tension"），它们像一堆长短不同的琴弦聚集成一个有很高弹性的"毛茸茸的"球（fuzzball），信息就保留在那些弦上。

霍金认输

意外的是，2004年7月21日，霍金专门跑到都柏林去，在第17届国际广义相对论与引力论会议（GR 17）上向大家报告"黑洞的信息疑难"："我想我已经解决了理论物理学的一个大问题。自我30年前发现黑洞热辐射以来，它一直困扰着我。"很多物理学家认为，他在这个问题上迟早是要输的——像 Susskind 说的，"霍金在认输之前，可能是世界上惟一一个还抱着错误的人。"[1] 还有弦理论家说，AdS/CTF（见"弦/M理论"）对应已经解决了信息疑难，霍金一定感觉压力太大，

---

1. 更有趣的是，早在1996年弦理论年会前夕，大会组织者之一的加州大学 Joe Polchinski 曾收到一封来自霍金的电子邮件，说他准备在会上的演讲题目是："我完全错了，弦理论是对的，信息不会丢失在黑洞里"。然而，这竟是一封伪造的信。霍金大概也听说了，他干脆来信说，演讲的题目是："我为什么还不改变我的观点"。

所以要跟过去的立场决裂。发表那篇讲话，一点儿也不奇怪。

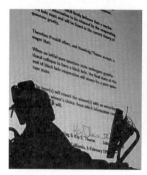

图6　霍金在GR17认输了。幻灯片打出的是赌约（左），Preskill赢得百科全书（右）[1]

霍金似乎不相信AdS/CFT对应完全解决了信息疑难，至少"不清楚信息是如何能从黑洞跑出来的"。他还是用他偏爱的欧几里得路径积分方法，把它当"惟一适用于量子引力的非微扰方法"。他只考虑了广义相对论的两类经典解的时空，一类有黑洞（非平凡拓扑），一类没有黑洞（平凡拓扑）。然后，他在这两类空间上进行半经典近似的路径积分。霍金告诉我们，在没有黑洞的空间积分，结果没有信息丢失；而在有黑洞的空间积分，结果是"零"，就是说，相关函数都以指数形式衰减。把两个结果加起来，我们会发现，不论有没有黑洞（实际上也并不确定），结果都跟没有黑洞是一样的！

1."我现在甘愿认输了，可Kip还不承认。我将把John Preskill要的百科全书给他。John是地道的美国人，他当然想要一部棒球百科全书。可是在这儿太难找了，所以我想另外给他一部板球的百科全书，但John不答应。幸运的是，我的助理Andrew Dunn说服出版商Sportclassic Books寄了一部《终极棒球大全》来到柏林，现在我就把书拿给John。等哪天Kip认输了，他会替我付钱的。"——这是霍金在会上讲的。

因此，最后我们发现，在一定意义上，大家都是对的。信息丢失在非平凡拓扑的度规，就像永久的黑洞。另一方面，信息保留在平凡拓扑的度规。混乱和疑惑的原因在于，人们经典地以单一的拓扑来看时空，要么是平直的，要么是黑洞。但费曼的历史总和允许空间同时具有那两种拓扑。我们不能说哪种拓扑对观测有贡献，正如在量子力学的双缝实验中，我们不能说电子通过了哪条缝。无限远处的观测所能决定的只是，存在一个从初态到终态的幺正映射，因而信息没有丢失。

至少，我们现在还不能说霍金的"解决"会不会像问题一样给物理学带来新的冲击。[1]

宇宙全息图

1993年，Hooft提出一个观点：我们的世界比人们想象的要少一维，根据是系统的自由度不依赖于体积，而依赖于表面。像3维物体通过2维照片来反映一样，4维时空也可能"写在"它的3维边界上，那就是宇宙的全息图。也许我们不能像诗人布莱克那样，"在一粒沙子中看到世界"，我们却可能从一个平面来看空间。为了实现全息图，边界必须包含足够多的能描写所有空间状态的信息，就是说，系统的

---

1. 本书排印时，我们还没看到霍金的文章。在剑桥听过他介绍的Gary Gibbons认为，现在还不能下结论。Kip也在会上解释说，"表面看来，那是很可爱的论证，但我还不了解所有的细节。"他还告诉记者，我们不能听霍金说什么就是什么，而必须自己去检验所有的事情。Preskill更坦白，他说："我很老实——我不明白他的讲话。"John Baez也认为，在场的物理学家都怀着"怀疑的好奇"，而没有喜出望外。

信息量（或熵）应该存在一个上限。我们具体来看几个系统的熵。太阳的熵是 10^{58}，而一个太阳质量的黑洞的熵为 10^{76}。一个直径为 1 厘米的黑洞的信息量是 10^{66} 比特，如果把黑洞换成水，同样的信息量需要一个边长为 100 亿千米的立方体容器（$10^{45}\,cm^3$）来装！我们能看见的宇宙的信息至少是 10^{100} 比特，可以装进一个"光月"的空间，但整个宇宙的信息也许真的需要整个宇宙来包容。黑洞似乎是最能包容熵的。

寻常系统的信息与体积成正比，而黑洞的熵由视界面积决定。1995 年，Susskind 考虑了一个近似球对称的孤立质量系统，刚好包含一个面积为 A 的球面。假如系统坍缩成为黑洞，其视界面积一定比 A 小，于是它的熵一定小于 $A/4l_p^2$，这里 l_p 为普朗克长度。2000 年，Bekenstein 证明，可以用一个小黑洞来将系统转化为 Susskind 那样的黑洞。因此，熵的上限不依赖于系统的物质组成，而仅决定于霍金推广了的热力学第二定律（GSL）。由此可以证明：最大熵取决于系统的表面，而不是体积。[1] 一个区域的最大熵就是以那个区域的边界为视界的黑洞所具有的熵。换句话说，一个空间区域、一定数量的物质或能量，所能包含的信息存在一个绝对的极限。这样，我们真的为全息图像找到了基础。

从另一个角度来看，熵的上限是以普朗克尺度为单位的面积，在

---

1. Bekenstein 举了一个简单的例子：假如我们在计算机里聚集很多芯片，那么储存容量随着芯片的总体积而增大；同时，芯片的熵也随体积增大。然而，体积的增大比表面积的增大更快，所以熵有可能超过上面说的面积极限。这似乎意味着，要么 GSL 错了，要么我们关于熵和信息容量的概念错了。实际上是芯片的堆积出了问题 —— 堆积到一定程度时，它将发生引力坍缩，形成黑洞，于是又回到了 GSL。

本质上是空间量子化的结果 —— 假如我们以普朗克尺度的小单元来度量空间，而且假定每个小单元的物理状态的数目（信息量）是有限的，那么，整个系统的熵必然存在一个上限。

全息思想改变了我们对物质世界的观点。Lee Smolin 就说，我们最后的理论可能不是关于场的，甚至也不是关于时空的，而是关于物理过程的信息交换的。全息原理并不是建立了空间的理论和观测与边界的理论和观测的关系，而是说，在未来的理论中，空间里的概念一定能完全"约化"为边界上的概念。

我们将在后面看到，全息图景在阿根廷年轻人的一个假想空间得到了数学的实现："某个特殊的10维弯曲时空的弦理论，等价于它边界的平直4维时空的规范理论。"这就是所谓的 AdS/CFT 对应。

量子引力

为什么

量子引力像皇帝的独生子，尽管还没长大，天下命运却已经系在身上了。关于量子引力，物理学家爱问一个"奇怪的"问题：why quantum gravity? 把这句话缺失或遗漏的动词补上，也许应该问：为什么会出现量子引力？我们为什么需要它？最简单的回答是，我们不相信世界可以截然分离为大的（引力的）和小的（量子的），那么当然应该把小理论向大理论扩张，把引力量子化。具体说来，量子引力的动机来自两个方向：粒子物理学家为了大统一的梦想，宇宙学家为了解决奇点问题。前者向"弦"而后者向"圈"。当年，爱因斯坦想同时保留狭义相对论与麦克斯韦方程，结果失败了；后来发现只要改变惯性系的变换方式就能把两者协调起来。这个故事启发我们，结合量子力学与广义相对论，似乎只缺那么一根红线，而未必需要什么革命。这当然是最保守的态度——一种"文物"态度：当我们不知道如何修复一件古物时，最好的策略是不要动它。也许这种态度的方法论意义大于实践意义，而物理学家更喜欢建设性的东西，于是物理世界到处是量子引力的工地。

量子引力的第一个工作发表在1930年，是Rosenfeld做的。80年来，量子引力沿着三条基本分离而多少又相互关联的路线发展着，直到今天还没完全走到一起，也没有一个统领大家的理论。简单说，三个方向分别是"协变"、"正则"和"历史总和"。虽然以这些名词来概括方向常引起误会，但也很难找一个更确切的定义。而且，三条路线之外，还不断出现更新的技术（如扭量理论、非对易几何等）。

"协变"路线是从20世纪30年代开始的，想把量子引力的理论做成另一个量子场论，这里的场是度规场相对于时空背景（如Minkowski时空）的涨落。因为重正化的问题，这条路线通过超引力而皈依了弦理论。"历史总和"（费曼的"路径积分"）是霍金偏爱的路线，也就是他在20世纪70年代发展起来的欧几里得量子引力（EQG）方法；而正则路线直接通向圈引力。

EQG

我们知道，量子力学的元素是粒子的状态（位置和动量），引力论的元素是时空的度规和物质场（能量–动量张量）。把量子场论的路径积分方法移植到引力中来，我们关心的就是度规和场从一个曲面向另一个曲面的变化。霍金最杰出的发挥，是用它来构造宇宙波函数（"无边界条件"）；新的成果是用它来解决信息疑难。

Gary Gibbons 在报告的开场白也许说明了人们对 EQG 的态度：

> 大会组委会要我讲"从 2002 年的观点看欧几里得量子引力"，我怀疑他们真想让我回答的问题是：
>
> 欧几里得量子引力发生了什么事情？
>
> 只是出于礼貌，他们才没那么问。我很高兴，有一个很恰当的回答：
>
> 它还活着，而且在 M 理论下活得很好。

换句话说，EQG 不是一个基本的物理学理论（从来就不是），而是一个有效和优美的方法，能为量子引力汲取非微扰的信息。在越来越多的非微扰方法中，它应该有一个位置。在 Gibbons 看来，EQG 还有一点特别吸引人的地方，"它是物理学向几何回归的漫长历史进程的自然延续"。例如，霍金用路径积分计算黑洞辐射，是热力学向几何的"还原"。

量子引力有很多概念问题，但人们在发展技术的时候，似乎总是

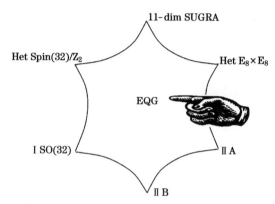

图7　欧氏量子引力应该看作是M理论众多非微扰方法中的一个 [Gary Gibbons
演讲]

躲着它。Chris Isham 就把矛头直接指向了最基本的概念。量子理论一
直存在一种实在性的分裂：时空背景是实在的，而理论的元素（可观
测量与概率解释）是不实在的（借玻尔的话说，"我们既是观众，也是
演员"）。现在有很多人开始怀疑，广义相对论的经典的时空概念，如
拓扑空间、连续统流形、因果结构等，都不能用于量子引力。Isham 响
应了女数学家 Marisa Dalla Chiara 的倡导，将拓扑斯（topos）理论用于
量子力学和量子引力。[1] 具体说来，我们 "先验地" 假定了空间和时间
的连续性，然后给物理量和概率赋予实数值，这种做法本来是有问题
的。对于不同 "类型" 的时空背景，应该存在不同类型的量子结构：物
理学变量和概率取值的数学空间应该能反映其所在背景的结构。

---

1. 大家都熟悉集合与映射，从它们发展为 "范畴" 与 "函子"；而 "范畴" 本身由 "对象"（集合）与
"态射"（映射）组成。有的范畴可以有新的结构，如果我们给它添加所谓的 Grothendieck 拓扑，
然后在拓扑化的范畴上构造 "层"（这是从另一种观点来看集合上的函数的概念）的范畴，就是所
谓的 topos。Isham 考虑的 topos 是一种非常特殊的范畴，相当于推广的特征函数（举例来说，考
虑一个集合和它的某个特殊的子集，把子集元素映射到1，把子集外的元素映射到0，就是一个特
征函数）。Isham 考虑的问题是，我们不能随便给物理量赋以什么实数值。

　　Gerolamo Saccheri在1733年发表过一本关于欧几里得几何的书，题目是 *Euclides ab omni naevo vindicatus*（《欧几里得无懈可击》）。我们借它来问EQG的命运，当然现在还没有最后的答案。Gibbons引用了一句布朗宁先生的诗 [*Andrea del Sarto*（1.97）]，来表明他自己的态度，也是霍金的态度：

　　　啊，一个人的成功应该超过他的能力，要不为什么有
天堂？

圈引力

　　圈量子引力是从"正则"路线走出来的。"正则"方法从20世纪40年代就开始了，它没有设定一个固定的时空背景（所谓的"背景无关性"[1]），把所有的度规都量子化了，正则量子引力的成果是Wheeler-DeWitt方程，它是对量子引力波函数的约束条件（所谓"标量约束"或"Harmilton约束"）。这个"演化"方程却没有一个整体的时间，因而没有相对于时间的演化，而只有物质的相对演化。实际上这更体现了相对论精神，而我们寻常也是通过这种方式来认识演化的。然而，Wheeler-DeWitt量子化没能像氢原子量子化那样消除奇点，因为它没有把时空也量子化。

　　20世纪80年代，印度人Amitaba Sen发现，用一组特殊变量可

---

1. 理论独立于时空背景，现在看来是非常重要的特征，也是一个"好"理论的需要。广义相对论就是一个例子：它不是弯曲时空下的物理学，而是时空本身的动力学。圈引力继承了这个传统，而弦理论不具备这个优点。Smolin想把它可能包容更多的维，从而为M理论寻找一个与背景无关的理论框架。

以把爱因斯坦方程写成十分简单的形式。那特殊变量就是规范场（数学上叫"自对偶自旋联络"，物理学的规范场等同于几何的联络，是现代数学与物理学不期而遇的奇迹），是电磁场的推广。1985年，Ashtekar把方程简化了，使广义相对论走上了规范场的道路。规范场论的一个传统思想是，用所谓的"Wilson圈"（宏观的类比是法拉第的流线管）来描写规范场。过去的规范场是基本粒子的场，引力作用可以忽略，因而时空是背景；在新的描写引力的规范场中，空间几何就隐藏在电场里。量子化电场的圈不存在于空间任何地方，相反，是它们的构形决定着空间，空间也因此被量子化了。1987年，在意大利召开的一个国际引力论与宇宙学会议上，Carlo Rovelli和Lee Smolin第一次报告了基于圈变量的量子引力方法。

在3维空间，我们让一个矢量沿闭合曲线"平行移动"一圈，如果回到起点时矢量没有改变方向，那么空间是平直的，否则，空间是弯曲的——所谓的联络（或广义相对论的引力场）描写的正是这个几何特征。同样，我们可以让一定自旋的粒子（如电子）沿着空间的闭合线圈移动，看它的状态会发生什么改变。Penrose早在40多年前就用这样的闭合线圈形成的"自旋网络"来描写量子空间。他原来的网络图是一个三次图（每个节点连接三个线段），每个线段被赋予一定的自旋（如j_1, j_2, j_3），满足我们在量子力学里熟悉的Clebsch-Gordon条件：$|j_1-j_2| \leqslant j_3 \leqslant j_1+j_2$（其中$j_i$是单元$i$的量子数，只能取"半整数"值：$1/2, 1, 3/2, \cdots\cdots$）。空间的性质决定了自旋的可能变化方式。

在自旋网络上构造面积和体积算子（我们知道，在量子力学中，

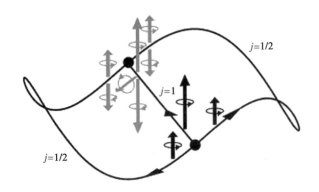

图8　电子自旋绕闭合线圈的改变

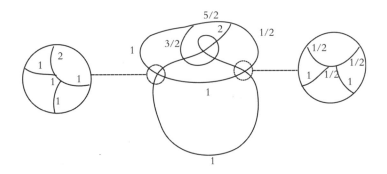

图9　Penrose的自旋网络实际上是SU（2）的不可约表示。对更高次的图（如图是4次），可以分解为3次图（添加新的自旋，如图中的虚线）

每个可观测量总是对应于一个规范不变的算子），可以发现，算子的谱是离散的。就是说，面积和体积都以普朗克尺度为基本单位。例如，面积公式非常简单：[1]

---

1. 这个离散的面积不是可以直接测量的物理量（因为它对应的面积算子不是规范不变的），但它很可能说明真实的空间也是离散的。另外，在圈引力理论中，面积成为基本的尺度参数，是因为长度的算子很难定义，也很难解释——那么，面积不过是一个形式的量；当然，也有人（如 J. C. Baez）相信"面积确实有着比长度更基本的物理意义"，那么理论中自然出现面积算子也就发人深省了。

$$A = \alpha l_p^2 \sum_{i=1,n} \sqrt{j_i(j_i+1)}$$

　　因为面积是离散的，黑洞视界当然也量子化了，它由有限块小面积拼接起来，因而黑洞的微观状态是有限的，它的数量正好对应霍金的黑洞的熵。[1] 而另一方面，黑洞视界（因而质量）的量子化，似乎与霍金辐射相矛盾。实际上，在圈引力中，两个相邻离散面积之间的间隙，随着尺度的增大而指数式地减小，因而对宏观黑洞来说几乎是连续的，所以黑洞辐射依然是连续的霍金辐射。不过，Bekenstein 和 Mukhanov 发现，在其他的量子引力，黑洞的辐射谱可能是量子化的。

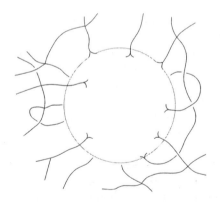

　　图10　量子化的黑洞视界：具有一定自旋的"激发态"（不稳定的粒子）刺穿视界，并给视界一个基本面积，面积的总和就是视界的面积；另外，长刺的地方多出一个量子化的角度，它们加起来使视界具有2维球面的拓扑

---

1. 20世纪90年代初，Wheeler 提出一个启发性的图像："It from bit"（"熵来自比特"）。他假定黑洞视界表面可以划分为基本单元，给每个单元赋以两个微观状态（"bit"）。显然，这个简单推理的结果是熵（总状态数的对数）与视界面积成正比。

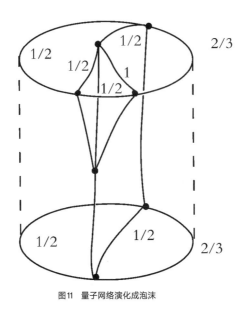

图11　量子网络演化成泡沫

更有趣的一个问题是，在热力学中，熵是跟系统的能量状态相关的，而在黑洞，没有那样的能量定义，我们却把熵跟一定面积的可能的几何构形联系起来，为什么一定面积的状态决定着黑洞的热力学行为呢？

自旋网络把状态与空间融合起来了，而更重要的是，当我们考虑自旋网络的演化，自然也把时间带进来——这样，网络成为所谓的"自旋泡沫"，[1] 那么时空与演化过程也融合了，从而也就拆除了作为"脚手架"的时空概念。简单地说，

---

1. "泡沫"（foam）一词是 Wheeler 发明的，他在 50 多年前就提出普朗克尺度下的时空具有类似泡沫的结构。自旋泡沫实际上是圈引力的路径积分形式，把网络看做"粒子"，泡沫就是费曼图。

无时空流形＋量子理论＝量子泡沫

不过这引出许多新问题，例如，没有时空的因果结构是什么？理论在远离普朗克长度的尺度上能否回到广义相对论？正如加州大学教授John Baez说的，"我们从熟悉的土地出发，航行到一个陌生的水域。只有当我们回到已知的物理，远航才算完成。"

有趣的是，Rodolfo Gambini，Jorge Pullin和Amelino Camelia等人发现，离散的空间结构能产生可观测的效应：光被离散空间结构散射，将引发宇宙线和γ射线的爆发，类似被天空分子颗粒散射的光线产生的衍射和折射。然而，它也预言了一个与狭义相对论矛盾的结果：光速与能量有着微弱的关系（在狭义相对论的能量关系中包含着系列普朗克长度的项[1]）：能量大的光子比能量小的光子稍微快一点儿。例如，100亿年前γ射线爆发的两个不同能量的光子，到达地球的时间是不同的。计划在2007年2月发射的GLAST（γ射线大区域空间望远镜）有望发现那个时间差。（2008年6月发射了。——编者注）

圈量子引力提供了一个"微分同胚不变的量子场论"的一般性框架（有点儿像量子色动力学），它有两点迷人的地方。首先，它继承了传统的4维时空，发扬了广义相对论和规范场论的基本精神；另外，既然广义相对论把物质与空间联系起来了，量子力学把物质量子化了，那么，实现时空的量子化自然是我们希望的成功。[2] 如果说广义相对

---

1. 这引出一个更一般的问题：狭义相对论的洛伦兹变换在普朗克尺度还是否成立？或者说，惯性系的相对性原理是否还能成立？例如，也许真的存在一个绝对坐标系，就是宇宙微波背景的静止坐标系。
2. 理论家中间流行着一个笑话：一个弦理论家在听了圈量子引力后说："那理论真是太好了，可惜有两个大毛病：它的时空只有4维，而且没有超对称性！"

论实现了物质向几何的转变（物质通过引力坍缩形成黑洞），那么圈引力实现了几何向物质的转化（量子化的面积通过霍金辐射产生物质）。当然，圈引力也有很多问题（例如，普朗克尺度的量子几何能给我们的低能量世界带来什么不同的图像？），而且它还"故意"忽略了许多问题（例如，它不关心相互作用的统一，它不会计算基本粒子的质量，它不关心宇宙的起源，也不关心时间箭头）。总之，它是一个很老实的理论，跟当年的广义相对论一样老实（爱因斯坦建立广义相对论时也没想它会像现在的样子）。

图12　量子时空是如何演化出经典时空的，我们还不知道（Lee Smolin）

M理论及其他

开弦与闭弦

　　1980年，霍金在卢卡斯教授的就职演说中讲过，最有希望的能把引力与其他三个力统一起来的理论是"超引力"。而超引力可能最终落在弦理论的行星上。

我们知道，普朗克常数 h 带来了量子效应，弦理论也有一个基本参数 α'（约 10^{-32} cm，刻画弦的张力），它也给世界带来了不确定性——例如，量子力学的不确定性关系应该包括两项：

$$\Delta x = \frac{h}{\Delta p} + \alpha' \frac{\Delta p}{h}$$

具体说来，以弦替代点，也就是以黎曼曲面代替费曼图，过去带来很多麻烦的费曼图的顶点（粒子相互作用）也自然消失了。在这样的图景下，事件是弦的分离和结合，不再像过去那么确定了。

起初，人们从弦来认识介子。两个夸克组成的介子，像一根有着两个端点的"开弦"。开弦的"圈"运动，就像母线在空间绕一圈形成圆柱——而圆柱也可以通过底圆平移来形成，因此开弦自然引出闭弦。从量子计算的角度看，闭弦是开弦的单圈近似。当然，开弦不是介子，而是无质量的矢量规范粒子（超对称多重态）。闭弦也不是胶子，其行为很像假想的引力子（准确说，是引力子的超对称多重态）。于是，正如 Witten 宣扬的，弦理论一开始就"预言"了引力。[1] 开弦可以结合成闭弦，所以引力与规范场自然统一起来了。Michael Green 说，这是弦理论带给我们的最深刻的认识。

---

1. 在这里，预言的意思是，假如另一个文明先有了弦理论，那么他们就能通过这个理论预言引力的存在。然而，假如他们也像我们一样，没有找到引力子（引力波）呢？

开弦的端点限定在（p+1）维超曲面上，弦在端点间的10维空间里振动，它们既包含在（p+1）维世界"体"中传播的无质量规范粒子，也描写了相应于超平面横向位移的标量态。在垂直于超曲面的方向，端点的运动满足所谓的Dirichlet边界条件，所以我们称那些超曲面为D-膜（或将维数写出，Dp-膜）。D-膜为黑洞的量子特征提供了有趣的解释。例如，开弦从"黑膜"上"脱落"下一根闭弦，进入空间，就是霍金辐射。

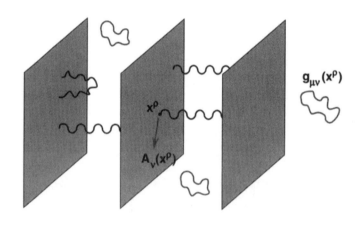

图13　开弦与闭弦。开弦的端点可能落在D-膜上，而闭弦出现在空间里。闭弦
也可能落在膜上，自然"解开"，成为两个端点在膜上活动的开弦。最低能量的闭弦
模式描写引力子，而开弦的最低能量模式描写定域在D-膜的矢量粒子

对偶性

同时存在着5个弦理论，而且它们都只能在10维时空成立。多余的空间维"紧化"在极其微小的尺度下（例如普朗克尺度）。紧

化的方式有很多，因而弦理论描写了许多不同的宇宙。人们曾欣喜地发现，多余的6个空间维紧化成Calabi-Yau（丘成桐）空间时，某种紧化空间形态的拓扑（空间的"孔"的数目）正好决定了夸克和轻子的家族。不过，CY空间形式太多了，而且还有其他各种可能的紧化空间形式，我们还没有一个普遍的原理来决定如何选择它们。

　　1995年，Witten发现，当弦耦合常数从小于1变到大于1时，弦将在另一个空间维成长起来，变成膜。于是，5个10维的弦理论，其实是11维的理论，它们在低能近似下就是20世纪70年代发现的超对称引力论；而真正的11维理论，我们还不知道，Witten称它为"M理论"。现在对这个名字有两种理解：所有6个理论都是某个未知理论的极限形式，在这个意思下面，Ashoke Sen建议称那个大理论为"U"（代表unknown或unified）理论；而更多的人，笼统地称它为M理论——我们可以为它找出更多有趣的意思：从内容和方法来说，它代表membrane（膜）、matrix（矩阵）甚至mother（一切理论之母）；从心情来说，它可能代表magic，mystery或maybe；而从普及说，我们更愿人们看到麦当劳那个黄色的"M"时，就能想起它来。不过M. Green担心这个名字太坏，不能说明我们追求的目标。

　　这些分离的理论，通过"对偶"来实现相互"转化"。[1]最先发现

---

1. T对偶（或"靶空间对偶"，target space duality）与统计力学相似。在铁磁理论的Ising模型中（70年前发现的），系统在温度T的性质与对偶系统在温度$1/T$的性质是相同的；另据Schwarz的说法，S对偶纯粹是偶然命名的，没有什么特别的意思。

图14 Escher的"爬行动物"说明了事物如何在2维与3维之间出没。在弦理论中，低维的弦与高维的膜随耦合常数的改变而相互转化

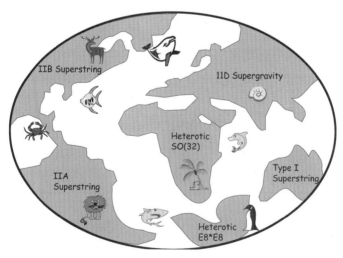

图15 M理论行星：不同的弦理论是同一个星球上的孤岛

图16　弦、超引力和M理论。6个独立的理论像降落人间的6个天使，跪着的小孩将是她们的归依，也就是我们的M理论的化身；然而小孩自己却感觉茫然，不知道神仙姐姐们怎么突然降临了 [Ferdinand Hodler《被选者》] [1]

的T对偶，联系着不同的紧化空间。就是说，两个T对偶的理论，如果在一个理论的紧化圆半径为R，那么，另一个理论的紧化圆半径是它的倒数（乘以那个基本的张力常数）。S对偶则联系不同耦合强度的理论：两个理论的耦合常数互为倒数。于是，强耦合的理论可以通过S对偶转化为弱耦合理论，微扰的计算技术也就有用武之地了。

对偶性说明，一个理论的粒子能在另一个理论中找到相应的伙

1. Ferdinand Hodler（1853—1918）出身在瑞士伯尔尼，也许算爱因斯坦的半个老乡。他有幸赢得了生前的名声，而身后却似乎被人忘了。《被选者》是他40岁的作品。被选的小孩可能指耶稣，但头上已失去了光环。假如作者在世，该不会埋怨我们的"曲解"吧。

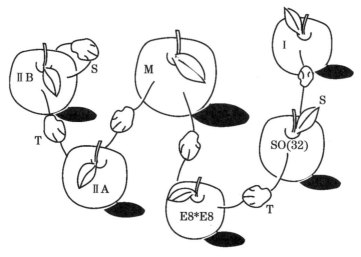

图17　对偶的理论[1]

伴；特别是，基本粒子的伙伴可能是复合粒子，因此传统的粒子分类就失去了意义。另外，对偶也是经典与量子的对应：一个理论的经典结果，可能包含对偶理论的微扰或非微扰的量子结果。更有哲学趣味的一点是，对偶思想让我们看到，大物理是与小物理密切相关的。过去大家都相信，为了认识大宇宙，我们必须认识基本粒子的小宇宙；现在我们可以反过来说了：为了认识小的，我们也必须认识大的。

---

1. 关于对偶，数学里有一个巧合的例子（当然未必跟弦理论有关）。我们知道3维空间存在5种（而且只有5种）正多面体：正4面体、正6面体（立方体）、正8面体、正12面体和正20面体。其中，正6面体与正8面体有相同的棱数，而面数与顶点数互换，我们说两者是"对偶"的；同样，后面两个也是对偶的，而正4面体跟自己对偶。似乎大自然总喜欢留下一个形影相吊的孤独者，这与空间对称性有关。例如，ⅡB弦的正反时针振动是相同的，正四面体则不具备中心对称。另外，在4维空间，存在6个正多"面"体（这里的"面"是3维的，将由除正20面体外的3维正多面体来充当），其中的两个是自对偶的，却没有正好结成对偶伙伴。

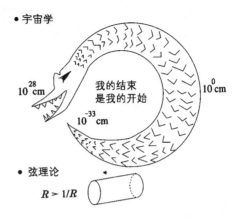

图18 大与小的对应："我的结束是我的开始"［Gary Gibbons演讲］

AdS/CFT对应

20世纪70年代，人们在把开弦当介子的时候，就渴望用弦来描写规范场，费了很大气力去寻求规范场与弦的对偶。1997年，哈佛大学Juan Maldacena找到了一个美妙的数学实现：AdS/CFT对应——反De Sitter空间（AdS）的超引力对应于空间边界的共形场理论（CFT），如$\mathcal{N}=4$ SU（N）超对称杨（振宁）-Mills规范场论（SYM）。[1] 具体说，当我们考虑"一叠"D3-膜（4维时空里的）在低能情形的动

---

1. $\mathcal{N}=4$的意思是1个引力子对应着4个引力微子（N最大不能超过8，否则会出现自旋大于2的粒子，那样的理论是不和谐的）。我们记得，在量子色动力学的规范群是SU（3）（描述了夸克）。30多年前，Gerard't Hooft把它推广到SU（N），在这里，N是膜的数目。在费曼图的计算中，耦合常数与一个拓扑因子相乘，对弦来说，那个拓扑因子是$1/N$，所以，N越大，耦合常数就越小，强耦合就成了弱耦合，微扰计算才有可能进行下去。

力学，会发现两种描述。一种是已知的规范理论，另一种是10维的超引力（把广义相对论推广到高维时空并赋予超对称性）。超引力正好有一个解描述了D3-膜的状态（如规范质量和荷），而它的几何，在低能极限下，可以看成在5维AdS的每个点都"长着"一个5维球面S^5，即AdS$_5 \times S^5$。其中，AdS是物理学家熟悉的爱因斯坦方程在负宇宙学常数（因而其作用也是引力）情形的解，它有负的曲率，在无限远有一个边界（规范场就落在那个边界上）。而S^5是蜷缩的"小空间"，其尺度由宇宙学常数决定。在一般的情形，Maldacena猜想，时空的超弦理论对应着边界的量子场论。从数学说，它相当于把空间的点一一投射到边界上，于是作用在空间的群或算子对应于作用在边界的群或算子。这个猜想似乎说明我们可以通过与背景相关（依赖于时空边界）的方法来实现与背景无关的理论。

　　AdS/CFT对应是过去30年里弦理论最令人惊喜的结果，不同维时空的不同形式的理论竟然可以等价，这当然很奇妙。有趣的是从它来看前面讲过的全息图像。AdS有一个奇特性质，引力作用是沿着径向背离边界的（即反着图19的半径方向）。假如有两个光子，具有相同的初始能量，从不同的位置向着边界靠近，那么，距离边界越远的光子，需要克服更多的引力作用才能到达边界，因而它们会在边界留下不同的"影像"。换句话说，空间的远距离，对应于边界上的低能量。这就是图中表现的所谓红外－紫外对应。

　　但AdS毕竟不是现实的宇宙空间，所以，大家正在为更多的空间（如曲率为零的Minkowski空间和曲率为正的de Sitter空间）寻求超引力与规范场理论的对应。

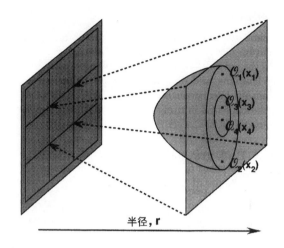

图19　全息观点下的红外-紫外（IR/UV）对应。[Nick Warner演讲]膜上的两个算子，假如距离很远（O_1与O_2），其关联函数将决定于与两个算子都有关的时空区域（相应半径较小）；假如距离很近（O_3与O_4），则几乎完全决定于大半径处的时空性质。而距离的远近，相应于红外与紫外"截断"

　　关于弦/M理论的未来，David Gross猜想可能发生三个方面的思想变革：第一是时空，第二是宇宙学和宇宙的初始条件，第三是量子力学。时空观念的改变，跟我们前面讲的基本粒子概念的改变是一样的。空间的维数和大小都能通过对偶来改变，那么空间本身当然也不再是基本的东西了。这个观点，跟全息思想是一致的。时间也许仍然可以扮演过去的角色，但空间"去"了，时间也不会"落后"。那么，该拿什么来取代时空流形呢？不知道。

　　Witten似乎不像别人那么乐观："猜想未来10年的理论进步从哪里来，我想不会有过去10年或20年那样的好运气了……要我具体预言未来10年的进步，我可能会错，不但答案错，连问题也可能错！"

de Sitter空间

de Sitter空间是荷兰天文学家Willem de Sitter在1917年提出的，它是正宇宙学常数的真空爱因斯坦方程的最大对称解（可以看作球面的推广），描写一个加速膨胀的宇宙。[1] 1998年，天文学家从遥远的超新星爆发发现，我们宇宙确实在加速膨胀，将来可能变成半径为$10^{60} l_p$（普朗克长度）的de Sitter空间（dS）。dS时空的样子，是一个超双曲面（不过它的每个水平截面不是圆S^1，而是三维球面S^3）。球面从无限的过去收缩而来，在$\tau = 0$达到最小，然后向未来无限膨胀。dS最特别的地方在于，它在无限的过去和未来都是类空的，因而它除了事件视界之外还有粒子视界（就是说，在任何时刻，总有观测者所不能看见的粒子）。[2]

人们早就发现，dS空间也有一个宇宙学的事件视界（我们所能看到的宇宙边界），它跟黑洞时空的绝对事件视界一样，有温度，也有熵。我们想象把黑洞"翻过来"，那么每个观测者都被自己的宇宙学事件视界包围着。这个视界的性质（包括它的热力学），都跟黑洞的视界是完全一样的——这是史蒂芬和Gary Gibbons在20世纪70年代提出的观点。黑洞的互补性和全息性，dS宇宙也有。在dS内部的观察者看来，周围时空是一个以视界为边界的无限空腔，这个空腔可以描述为一个坐标温度为$1/2\pi$的热力学系综。与任何封闭的系统一

1.《爱因斯坦全集》第八卷（中译本已经出版）首次公开了爱因斯坦与de Sitter就这个宇宙模型的争论。那时，爱因斯坦还坚信他的物质决定度规的稳定的宇宙，而不相信这个没有物质的"奇异的"宇宙。
2. 关于de Sitter空间和爱因斯坦方程的其他精确解，系统论述最好参考《时空的大尺度结构》（第5章）。

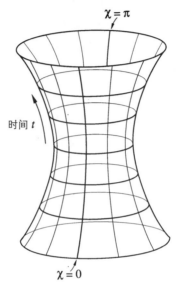

$\chi = \pi$

时间 t

$\chi = 0$

图20 de Sitter空间

样，信息不会丢失，而只可能扰乱或转化为视界的热。同时，自由下落的观察者在通过视界时也不会遭遇奇异的事件。

从全息观点来看，dS的对称性在边界的作用就像某种"相似变换"（共形映射）。例如，dS的时间平移对应于边界的一种"扩张"，因此存在一个不动点。我们可以在那个点构造局域的场。这似乎说明也存在像AdS/CFT对应那样的dS/CFT对应。可惜我们还没能构造出那样的场。

为dS寻求对偶的困难，在于dS在空间的无穷远没有边界，所以我们不知道把引力理论投影到什么"边界"上。不过，Witten认为，它在类空的过去和未来的无穷远的边界，也可能成为我们需要的全息面。斯坦福大学的R. Bousso提出，dS的某些黑洞蒸发可能使那些类空曲面成为碎片，而每个碎片还是dS，这样就衍生出无限多个分离的儿女宇宙。

Bautier等人提出，dS与11维超引力理论不能相容（有名的"no-go定理"），但麻省理工学院的A. Chamblin和国王学院的N. D. Lambert却指出任意维的dS也许都能自然作为理论的真空态而出现。

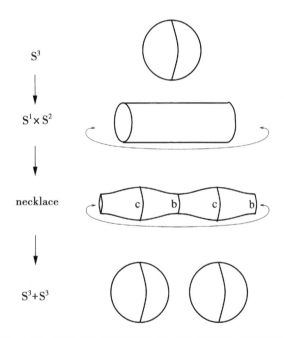

图21　de Sitter空间的分裂。空间的拓扑也发生改变：原来是3维类空球面S^3，因为引力场的涨落，生成$S^1 \times S^2$，（其中S^1是图中两端相连生成的），然后，沿S^1的区域（半径较小）坍缩成为黑洞，而半径较大的区域则向着新的de Sitter空间扩张，两个大空间通过黑洞连成"串珠"，黑洞蒸发后，它们分裂成两个de Sitter空间。分裂的数目与初始的扰动有关

量子宇宙学

人们常将量子宇宙学跟量子引力混淆起来，其实量子引力不过是关于宇宙的一个力的规范理论，而量子宇宙学是把整个宇宙当作一个量子系统来研究——跟寻常的量子系统比较，这个系统没有"外面的（而且往往被假定为经典的）"观众；是否存在引力，对理论来说也无关紧要。另外，一个有力的量子引力理论应该认识宇宙的大爆炸，但我们认识宇宙的小尺度结构时，并不需要认识宇宙的起源。

量子宇宙学的大门，远在20世纪60年代，就在Bryce DeWitt，Charles Misner和John Wheeler等人的探索中开启了，不过它的新的开端，还是霍金和Hartle在1983年的那篇《宇宙的波函数》。在量子力学里波函数（的模）是描写状态（位置和动量）的概率，那么宇宙波函数呢？它描写的是相对于一定时空度规和物质场的概率，和普通量子力学一样，我们也假定这个概率与某个作用量的指数函数成正比。在引力情形，作用量根据爱因斯坦的场方程来构造；然后，对所有可能的度规和场"求和"。霍金选择了紧致的度规和规则的场，说那是"自然的选择"，时空应该完全是自我包容的，而且完全由物理学定律来决定：没有定律失败的点，也没有什么时空的边缘让不可预言的东西钻进宇宙来。这种边界的选择可以概括为："宇宙的边界条件就是它没有边界。"这就是"无边界假设"。同时，霍金的宇宙波函数也启动了人们对宇宙量子态的追求（动力学的追求却至少从牛顿就开始了）。

观测表明，早期的宇宙比今天更均匀、更各向同性、更接近热平衡——总之更简单，因而应该存在一个简单的可以发现的初始量子态。James Hartle 特别讲了一个问题："为什么宇宙的量子态的理论必然是任何终极理论的一部分？"他说，"也许我们没有直接看到什么大尺度或寻常尺度的量子力学现象，但同样也没有证据说明我们看到的现象不能用量子力学的语言来描述，用量子力学的定律来解释。"

我们不妨把宇宙想象成一个巨大的膨胀盒子里的一大堆粒子。在终极理论之前，我们可以先落实一个"有效"理论（有些物理学家把一切工作的理论都叫"有效理论"，如基本粒子的标准模型，如广义相对论，如流体力学的 Navier-Stokes 方程）。Martin Rees 提出，宇宙学的有效理论大致应该满足下面几个条件：

1) 时空是经典的，由爱因斯坦方程决定；

2) 宇宙是膨胀的；

3) 膨胀从热大爆炸开始；

4) 轻元素在大爆炸中合成；

5) 有一个暴胀时期；

6) 暴胀决定了宇宙今天的平直；

7) 结构是随机性（Gaussian 不规则性）生成的；

8) 随机性是量子涨落的遗迹；

9) 占主导地位的是冷暗物质；

10) 宇宙学常数起着动态的决定性作用。

11) 这些前提加上目前的观测（以及几个宇宙学参数），也许能形成一个"标准模型"，但它与基本粒子的标准模型不同，那个标准模型能把几乎所有粒子归结到 18 或 19 个参数和统一的作用量函数。

如果要把宇宙的初始量子态包括进来，Hartle 提出了终极理论面临的三个问题：

"环境问题"：依赖于初始条件的，就是"环境的"。相关问题在"弦 2000 年会"上被列为首要问题。[1] 假如基本粒子相互作用耦合常数随时间地点或随宇宙历史而改变，那么初始量子态就有了决定性的意义。

"为什么是量子力学？"我们为什么生活在一个量子力学的宇宙？而从定义来说，永远也不可能从"外面"来观测它。特别是，在只有一个量子态的量子宇宙学中，为什么还有代表量子力学基本线性特征

---

1. 我们将在本书的"尾声"列出 Gross，Witten 等人在"弦 2000 年会"上选出的十大问题。

的"叠加原理"？

"为什么区分动力学条件和初始条件？"霍金的无边界波函数已经把两者结合起来了，但有什么原理来决定它们吗？

Kip Thorne和霍金的学生Don Page说，"无边界"实际上还有"一个边界"，就是宇宙波函数路径积分的边界。另外，路径积分还存在几个问题，说明它是不完备的，例如发散的问题（包括传统的紫外发散和波函数中的作用量本身的无界性），还有积分路径的拓扑问题：我们没有办法来确定任意两个4维流形是不是有相同的拓扑。"不过，尽管完整确定和评价'一边界'假设存在那么些困难，在高度简化的模型下还是取得了一定的成功。"Page在零圈水平上计算了几个结果，例如：宇宙在大尺度上可能是非平直的；可以预言近临界能量密度；预言微弱起伏的各向异性；起点的熵很低，将随时间增大；基态的非均匀性符合微波背景辐射的观测数据。

永恒暴胀论者Alexander Vilenkin报告了一个坏消息：在暴胀过程中，宇宙会很快把初始条件给遗忘了，因此宇宙初始状态的预言都不可能通过观测来检验，量子宇宙学也不能成为实验观测的学科。

宇宙学

霍金是带着宇宙学心愿来剑桥的，还在微波背景发现之前，他就开始宇宙学研究了。1992年，背景涨落的发现，又把宇宙学领进了新时代。

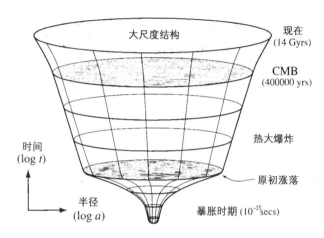

图22　宇宙简史：我们看到的宇宙微波背景（CMB）是大爆炸40万年后的一个瞬间，早期宇宙的等离子开始成为电中性的，宇宙从此透明

图23　根据WMAP探测结果分析的宇宙大爆炸38万年后的微波背景（NASA）。WMAP带来几个比从前的估计更加精确的数据：宇宙年龄：137亿年（精度99％）；暗能量：73％；冷暗物质：23％；原子：4％；哈勃常数：H＝71km/sec/Mpc。WMAP还证明，宇宙经历了暴胀，而且将永远膨胀下去

暴胀的宇宙

人们经常嘲笑恐龙灭绝的理论太多，有多少研究者就有多少理论。而在暴胀领域，似乎更是百家争鸣。Shellard检索了200多个暴胀模型，"远远超过了活跃的理论家的数目"。从旁观者看来，似乎可以说"多等于无"。不过，听了Guth的话，这情形就不难理解了："暴胀不是一个真正的理论，而是一个范式，或者说，是一类理论。"实际上，绝大多数模型都有一些共同的特征；而宇宙的许多特征，也确乎是暴胀的结果。例如：经典的宇宙大小、宇宙膨胀、均匀性、各向同性和平直性等问题，以及磁单极问题（没有发现磁单极），都能通过暴胀来解释；而新发现的微波背景的各向异性，更为振兴暴胀提供了力量源泉。

暴胀的"动力"是一个假想的标量场，在Guth最初形式的暴胀模型里，它的作用相当于最低可能能量密度，所以叫"伪真空"。它的压力是负的，因而作用是反引力的。[1] 在后来的Linde等人的新模型里，那个角色由所谓的"暴胀子"来演绎。不过，我们还是可以拿"伪真空"来称呼各种形式的具有巨大负压力的状态。在暴胀的图景里，在"遂古之初"，至少某些宇宙"碎片"处于伪真空状态。碎片的尺度由能量密度决定（正如今天的宇宙尺度由今天的物质密度决定）。只要那种状态的概率不是真等于零，它就能无限暴胀起来。

因为势函数不可能同时在所有时空"碎片"衰减，所以暴胀也不

---

1. 在广义相对论里，引力源是物质（能量）与压力的总和，所以负压力的物质（能量）扮演着反引力的角色。负压状态其实很普通，土壤吸水就是因为它具有负压。

可能在所有地方同时终结，而是"相继地"在不同的地域终结。每个局部根本就是一个完整的宇宙，有时叫"气泡宇宙"，Guth更喜欢说"皮囊宇宙"[1]。所以，暴胀将产生无限多个宇宙。暴胀在不同地方终结的时间是与位置相关的，有的地方暴胀时间长一点儿，能量密度自然小一点儿，涨落就这样出现了。[2]

　　关于密度涨落，有一段值得回忆的故事。1982年5月，霍金与Michael Turner和Paul Steinhardt在芝加哥"偶遇"，讨论了一个新问题：宇宙结构也许源于量子涨落。虽然今天我们已经习惯了这种思想，但在当时它却令人惊奇而欣喜：原子世界的量子现象对宇宙的大尺度结构也起着至关重要的作用。（实际上，苏联科学家至少在1年多以前就讨论过类似的问题。[3]）不过，Turner和Steinhardt根据大统一理论估计的密度涨落只有10^{-16}，比希望的小了12个数量级。那年6月，霍金在普林斯顿报告了他的计算，结果是10^{-4}；但在剑桥的Nuffield"极早期宇宙学会议"上，他报告说，"与观测的微波背景的各向同性比较，计算的涨落幅度太大了"，"暴胀终结了"。[4]那时许多人计算了密度涨落，结果都偏大（Guth计算的结果是50）。如今，他们依靠的那个SU（5）大统一模型已经被抛弃了，可以根据其他粒子模型得到需要的密度涨落。

---

1. 英文分别是bubble universe和pocket universe，其实都含有真空里的空穴的意思，只是形状不同。Guth说气泡容易令人误会它是球形的，实际上它的形状是非常不规则的。
2. 霍金认为标量势驱动的涨落太牵强，于是根据他的无边界假设提出没有伪真空的暴胀，但计算的涨落偏离平直性太远。
3. 这似乎也引出一个"优先权"的问题，还有人在争论呢。
4. Guth一开始就怀疑霍金原来的计算错了，并为自己能发现他的错误而激动，觉得"比暴胀（那时尚未流行）是否成功还要重要"。但令他们惊讶的是，没等他们在会上"发难"，霍金自己已经改正了结果。

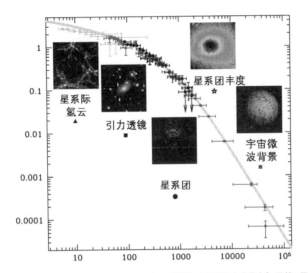

图24 宇宙在不同尺度的密度涨落（不同的数据来源都标在曲线上）：显然，尺度越大，空间越均匀。纵坐标为密度涨落，横坐标为距离尺度（以百万光年为单位）

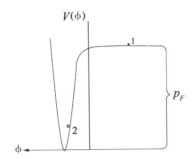

图25 暴胀的标量场（暴胀子）势函数在一定的区间（阶段1），势能减小很缓慢，动能远小于势能，这时候，压力是负的，使宇宙加速暴胀，势能的高度能使宇宙在 10^{-35} 秒的时间内扩张一倍。在第2阶段，暴胀子落入井底，在它附近波动，并衰变为普通的物质和辐射（也许还有暗能量）

密度涨落有四个基本特征：原初的、尺度不变的、绝热的、高斯的，都能从新发现的微波背景"读"出来，因而暴胀理论赢得了观测的证实。另外，这些特征也为不同理论的抉择提供了经验基础。[1] 尽管这些性质不是暴胀模型特有的，但暴胀还是最有吸引力的，可能也是最简单的。

在暴胀解决的疑难中，宇宙的平直性是特别有意思的，与我们宇宙的命运有关。我们知道，宇宙是无限膨胀，还是膨胀之后再坍缩，由下面的临界密度决定：

$$平直宇宙的临界密度$$

$$\rho_c = \frac{3H^2}{8\pi G} \approx 10^{-29} \mathrm{g/cm}^3$$

近几十年发现，宇宙密度可能在 0.2 ~ 2 个临界密度之间。这是很不确定的范围。但是，根据经典的宇宙学，假如宇宙初始时刻的密度偏离了临界密度，不论偏离多么微小（哪怕只在小数点后面第58位才出现偏离），都将随时间无限增大。而在暴胀模型里，那个偏离是指数衰减的，就是说，不论初始偏离多大，最终都将趋于临界密度。WMAP 的结果说明，宇宙密度大约是 1.02 ± 0.02 个临界值。

宇宙弦

我们前面说过，几何化是物理学的方向，宇宙结构的形成也存在一种有趣的几何观点。宇宙弦和其他拓扑缺陷可能是宇宙大尺度结构

---

1. 例如，绝热涨落意味着标量场在微波背景中起着主导作用，甚至可以估计张量场的贡献不会超过标量场的一半。

的来源。[1]

宇宙早期的对称破缺相变可能产生一些拓扑缺陷，不同的对称破缺产生不同的拓扑缺陷。例如，柱状（或轴）对称破缺产生1维的宇宙弦，球对称破缺产生零维的单极子，而离散的对称破缺产生2维的分隔不同区域的"墙壁"。可见，宇宙弦跟超弦理论的"弦"没有一点儿关系。这个现象，很像河流冰封。水凝结成冰是一种相变（从液相变成固相），也是对称的破缺（水分子的空间结构改变了）。由于水在局部的非均匀性（例如密度、温度等微小波动），冰也不会是整体均匀的。我们可以在冰面上看到许多不规则的裂缝——想象它们出现在3维空间的情形，大概就是宇宙弦的样子。宇宙弦的想法比暴胀还早，可惜计算困难，没有做出令人信服的预言。

宇宙弦可能和宇宙一样长，具有极其巨大的张力。当两根弦相互靠近或弦接近黑洞时，可能在弯曲的时空产生闭合类时曲线——就是说，宇宙弦有可能实现"时间旅行"（霍金专门研究过这个问题）。[2]不过，普林斯顿大学的Gott发现，即使只想"回去"1年，闭合的宇宙弦圈也需要具有半个星系的能量。

宇宙弦随宇宙膨胀而拉长；两根弦相交，可能产生弦圈，生成新的弦。弦也产生辐射，除了引力辐射，还可能有电磁辐射和其他形式的辐射（如轴子，一种假想的冷暗物质，质量只有电子的几百万分

---

1. 霍金在1997年预言："我期待着观测能符合暴胀而否定缺陷。但我们还得等着看结果。暴胀是简捷的解决办法，我确信上帝会选择它的。"
2. 例如，霍金在Kip Thorne 60岁生日会上的演讲（见与本书同时出版的《时空的未来》）。

之一）。圈的辐射更复杂，两个套在一起的圈，将在辐射中演化，最终消失。

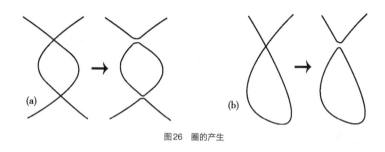

图26　圈的产生

图27　套在一起的圈在辐射中消失（R. Battye＆E. P. Shellard的数值模拟）

　　弦在这样的过程中越分越小，形成圈的网络；随着宇宙膨胀，网络越变越稀疏，最终达到稳定的密度。这个演化过程是"标度不变的"（就是说，放大图的比例，不会改变图的结构）。这也是宇宙弦最好的一个预言。

　　然而，除了"尺度不变性"之外，拓扑缺陷产生的涨落似乎与暴胀相矛盾。但现在还不能完全排除它们的作用，因为只有在暴胀模型

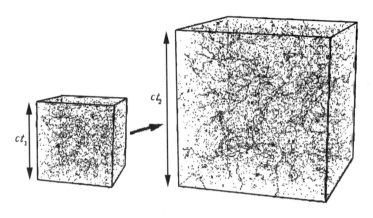

图28　宇宙弦的标度不变演化

里添加20%左右的缺陷影响，理论才能令人满意地满足观测数据。

膜新世界

霍金有个演讲（还有篇论文）题为"膜新世界"，[1] 我们借这个题目
来谈谈与膜有关的宇宙学，特别是Penrose记不住名字的"Ekpyrosis
宇宙"。那个可怜的"觊觎"暴胀"王位"的理论，2001年4月出现在
高能物理学的电子档案，还没等专家来评判，10天以后，就在BBC
和CNN宣扬开了。[2] 霍金说Ekpyrosis的意思是"运动和变化"，而它
在希腊语的意思是"火灾、突发"，斯多葛学派的一个宇宙模型认为，

---

1. 原文"Brane new world"，令人想起小赫胥黎（Aldous Huxley那本著名小说的名字，它们都出自
莎翁《暴风雨》（第5幕第1场）："How beauteous mankind is！ O brave new world that has such
people in＇t！"（"人类有多美！啊，美丽的新世界，有那样的人在里头！"）
2. 创立者们罗列了暴胀理论的许多问题，批判它依赖一个假想的暴胀势函数，而微波背景的大多
数特征都不能认为是它的结果。他们说，暴胀的成功主要在于其简单性，它被人接受是因为没有
替代者出现。

宇宙是在一个突发的大火中生成的。模型的创立者之一的 Neil Turok 在演讲中说它是"从火中来"。我们暂且称那模型为"火宇宙"。在它看来，我们的宇宙是从4维空间的两张膜（两个3维世界）的碰撞产生的。

大爆炸是一个错误的名词，[1] 它本不是发生在某个点的爆炸，而是宇宙空间扩张的开始。膨胀的宇宙像膨胀的气球表面，每个点的经历都是一样的，没有奇异的中心。但是，那个起点却是一个奇点，无限的温度和无限的密度。[2] 火宇宙似乎为大爆炸补写了序幕，以冰冷的几乎真空的状态——膜碰撞的结果——来取代那个奇异的起点。

火宇宙是与弦理论图景联系的。根据 Petr Horava 和 Witten 等人的理论，粒子只能在膜上运动，而不能跨越膜之间的那个额外空间维——只有引力能把两个膜的物质联系起来。另外，在两个膜之间还可能存在平行的3维超曲面，这些携带能量的中间曲面叫"膜"——火宇宙描写的正是那样的一个膜与我们宇宙的那个膜发生碰撞的情景。具体说来，火宇宙图景的3维膜沿着一个额外的空间维运动。膜碰撞后"黏"在一起，碰撞的动能转化为在3维空间运动的基本粒子。碰撞几乎同时发生在每个地方，所以宇宙是均匀的。膜世界喜欢平直的几何，所以大爆炸的宇宙也是平直的；因为膜碰撞没有很高的温度，所以不会形成标准大爆炸里的磁单极。

---

1. 1993年8月，*Sky & Telescope* 杂志的 Timothy Ferris 发起为"大爆炸"更名的运动，收到来自41个国家的13000多个新名字，出现了许多有趣的语言游戏，Carl Sagan 等人做评委，结果没有选出更恰当的。
2. 有趣的问题是，如果没有拓扑的改变，让吹胀的气球缩回去，怎么也不会成为一个点。

　　因为量子效应，膜在第4维发生波动，在不同地方发生碰撞的时间略有差别，因而产生微小的温度变化，这就是后来微波背景涨落的种子。当然，这些涨落也满足所谓的"尺度不变性"，即在不同空间尺度有着相同的幅度。

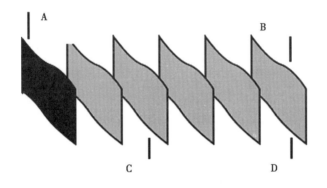

图29 "火宇宙"的诞生。A具有特殊物理性质的膜的一端限定在第5维；B第5维的另一端固定着另一个膜，它将成为我们的宇宙；C在第5维运动的其他膜（霍金称它们为"影膜"）；D当一个影膜与"我们的"膜碰撞时，我们生活的宇宙就诞生了

　　在这个图景里，"爆炸"其实是一种"转变"或"反弹"——从收缩转向膨胀，这样的转变随时都在发生，而且无限循环。也可以像暴胀那样，用一个势函数来说明这个过程。

　　不过，霍金认为膜的这些行为很可疑，即使真的那样，火宇宙的想象也不能令人满意。他提出，膜世界应该作为真空涨落而自发产生，就像水蒸气泡那样形成。我们的宇宙就是一个气泡。

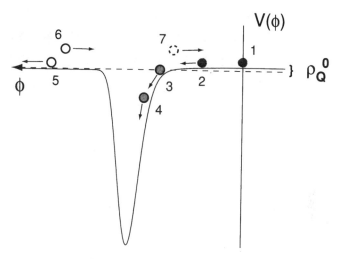

图30　循环宇宙的势函数。势能高度对应于暗能量密度，标量场是"第5种物质"。暗能量的加速比暴胀小100个数量级，就是说，它需要150亿年才能使宇宙扩张一倍。当场落入深阱，动能起主导作用，宇宙开始减速、收缩。场不会陷在阱底，因为收缩的蓝移效应，强大的动能可以使它飞出势阱，在有限的时间里达到负无穷大，于是势能又起主导作用，宇宙进入循环的图景

暗物质和暗能量

电影明星Woody Allen在一篇文章里开玩笑说："星期五我一觉醒来，因为宇宙在膨胀，我只好用比寻常更多的时间来找我的礼服。"的确，宇宙在加速膨胀着，早晨迟到的同学可以有更科学的借口了。

1998年，两个天文学家小组发现，超新星比预期的暗淡，说明它们的距离比"应该的"更远。在排除了其他可能之后，我们相信，宇宙曾经加速膨胀过。而我们过去一直认为宇宙膨胀会慢下来。

1999年5月，普林斯顿大学和美国能源部的伯克利国家实验室的科学家小组在《科学》杂志提出宇宙学"三角问题"：宇宙有多少物质？膨胀在加速还是减速？宇宙是平直的吗？他们指出，大量证据"迫使我们考虑，可能存在某种宇宙暗能量，它反抗着物质的自吸引，并推动宇宙加速膨胀"（"暗能量"也就是这些作者们在给《物理学评论快报》的一篇文章里提出的）我们知道，冷暗物质（CDM）的基础是宇宙的平直性。或者说，我们看到的平直的宇宙需要暗物质来补充普通物质的不足。20世纪90年代发现，暗物质只有1/3，自然，另外2/3的空缺（根据超新星和微波背景的数据，这个数值在62％~76％）就落实在"暗能量"。

2003年7月，Jean-Paul Kneib，Richard Ellis 和Tommaso Treu领导的小组用NASA/ESA 哈勃太空望远镜重现了星系团CL 0024＋1654的物质分布，第一次看到了神秘的暗物质在那么大的尺度上是如何分布的。那个星系团距离地球45亿光年，看起来像满月那么大。过去有人猜想暗物质聚集在星团的最外区域，而新观测发现暗物质分布从团中心迅速向外减少。暗物质似乎也跟星系"丛生"在一起。Kneib告诉我们，"星系聚集时，它们之间的暗物质将被抹去，这样，暗物质似乎是粘结星系的胶水。暗物质与'明物质'的结合，证明了像CL 0024＋1654那样的大星系团是通过小星系群的黏结而形成的。"

暗能量也找到了新证据，来自所谓的整合Sachs-Wolfe（ISW）效应，即光子在经过引力势的路径中能量会发生改变。在宇宙中，大尺度物质聚集的地方（如几 百秒差距的星系团）是一个引力势阱，当光子落进势阱，就像石头从山坡滚下来，能量会增大；当光子"爬"出来时，能量会损失。假如宇宙充满普通的物质，光子的总能量不会有可察觉的改变。但是，在暗能量作用下，加速的膨胀使物质稀疏，势阱变浅，因而光子爬出来所损失的能量小于它落进时增加的能量，因此经过那种势阱的光子，总能量增大了。换句话说，从物质聚集地方出来的光子应该比其他地方的光子更热。最近一年多里，来自 Sloan 数字巡天（SDSS）、Wilkinson 微波各向异性探测（WMAP）、NRAO/VLA 巡天（NVSS）等观测实验的数据和图像，都证明宇宙大尺度结构与微波背景之间存在着交叉相关性，就是说，在微波背景图中，星系区域的光子比其他地方的光子更热。

超新星观测还说明加速膨胀是从 50 亿~60 亿年前开始的，那时，星系间的距离已经相当遥远，暗能量的作用开始超过引力作用，于是

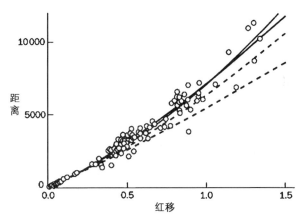

图 31　超新星的距离-红移图。2004 年 5 月，Adam G. Riess 和 Louis-Gregory Strolger 等人根据 NASA/ESA 哈勃太空望远镜的观测，利用 16 个 IA 型超新星的数据，第一次发现了确凿的宇宙膨胀从减速向加速转变的证据。图中的圆圈是距离-红移数据点，实线是根据 30% 的物质和 70% 的暗能量（宇宙学常数）画的理论曲线；虚线是两种没有暗能量的情形（中间虚线是 30% 的物质和曲率，没有暗能量；下面虚线是 100% 的物质）。理论曲线分离的地方（红移约 0.5）就是宇宙加速膨胀的开始

推动宇宙加速膨胀，一直持续到今天，甚至无限的将来。

　　暗能量的发现，从大爆炸和暴胀宇宙学的观点来看，是完全令人惊奇的。因为我们不知道它扮演的角色。加州理工学院Richard Ellis说："我同大家一样，也对暗物质和暗能量感兴趣。但令我忧虑的是，我们竟然有这样一个宇宙，它有三种成分，而我们真正懂得的只有一种[即普通物质]……我们不得不向学生解释，宇宙的95%是两种谁都不知道的东西。那不是真正的进步。"

　　暗能量到底是什么呢？我们能确定的是，它是依靠负压来产生反引力的，作用就像暴胀模型假想的标量势。我们还记得，爱因斯坦的宇宙学常数也是反引力的，它相当于量子真空能。假如暗能量是真空

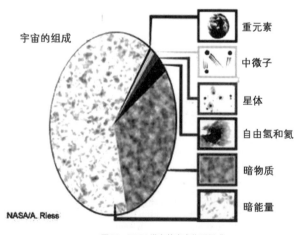

图32　NASA发布的宇宙物质组成

能，那么多变的宇宙学常数就复活了。[1] 不过，这种形式的能量是宇宙固有的性质，均匀分布在宇宙空间，与时间无关，也跟宇宙膨胀无关。假如暗能量是宇宙学常数，那么宇宙将永远地膨胀下去。

暗能量也可能是某种物质的场（Quintessence[2]），它在大爆炸中产生，然后渗透到宇宙空间。这所谓的"第五种物质"，大概是质量为 10^{33} eV 左右的粒子（激发态），将随时间发生变化。假如它随时间衰减，那么宇宙最终会从膨胀转向大挤压（Big Crunch）；假如它随时间增强，那么宇宙最后可能"大分裂"（Big Rip）—— 一切事物，从星系到原子，都将被粉碎。

不论什么形式，我们现在都还没有证据来肯定或否定。有趣的是，暗能量占据 70％ 的宇宙物质，跟水在地球表面的比例差不多。正如水关联着生命，暗能量同样可以与生命联系起来。这回到一个老问题，物理学家不愿看到然而却似乎无可奈何的问题：那个"A"打头的字：人存原理。Andrei Linde 在 20 年前就在暴胀宇宙的框架下，用人存原理来解释宇宙学常数问题。无限多个分离的宇宙，各自具有不同的引力常数，我们只能生活在引力常数与实际观测的物质密度偏离不是太大的那个宇宙，即 $\Lambda \sim 10^{-28}$ g/cm^3。

暗能量问题还没有进入我们前面讨论的那些理论的核心，对粒子

---

1. 宇宙学常数的经历很有趣，总在人们需要的时候站出来。它先为了爱因斯坦生成静态的宇宙，后来被 Hermann Bondi，Thomas Gold 和 Fred Hoyle 等用来说明大爆炸的时间问题（大爆炸的年龄小于地球年龄），现在又被请来充作暗能量，维护我们宇宙的平直性，从而也解救暴胀理论。
2. Quintessence 在古希腊哲学里指的是除土、气、火、水之外的第 5 种基本物质，是构成天体的物质，并潜伏在所有物质中。用它来指暗能量也很恰当，它是重子、光子、中微子和暗物质之外的第 5 种物质。

物理学家来说，宇宙学常数也还是一个谜：它是从哪儿来的？还有人发现，弦理论也许不能跟暗能量相容——不喜欢弦理论的人，会不会因此而长舒一口气呢？

让霍金来吧

我们甚至可以把人存原理"具体化"：宇宙之所以那样，是因为人们提出那样的问题；人们之所以提出那样的问题，是因为有一个（或很多个）霍金。

大会的纪念品是另一个形式的"人存原理"，它写在一个"黑白杯"的"白面"：

图33　杯子的两面：黑面是霍金的无边界宇宙，白面是霍金最喜欢的温度公式

和公式写在一起的文字是：

　　　霍金说：

　　　$T_H = hc^3/8\pi GMk$

　　　于是黑洞发出光来。

这令人想起创世纪的上帝：

　　　起初，上帝创造天地。地是空虚混沌，渊面黑暗；上
　　　帝的灵运行在水面。上帝说："要有光。"于是有了光。

也令人想起卢卡斯教授霍金的那个伟大前辈和一个大诗人为他写的
墓志铭：

　　　自然和自然律深藏在黑暗。
　　　上帝说，让牛顿来吧！于是霞光满天。[1]

---

1. 200多年后，英国作家J. C. Squire依样为另一个巨人写了"警句"（*Epigrams*）：It did not last: the Devil howling "Ho！ Let Einstein be！" restored the status quo。老天按耐不下去了，魔鬼大叫"嗬！让爱因斯坦来吧！"于是世界恢复了原状。

马丁·瑞斯(Professor Sir Martin Rees)

马丁生于1942年，1967年获剑桥大学博士学位（他比霍金晚一年进入西阿玛门下）。马丁是皇家天文学家，剑桥大学皇家学会教授，现在是三一学院院长。因为在相对论天体物理学、黑洞和宇宙学方面的贡献，马丁赢得过众多荣誉。他最大的贡献是发现了类星体的动力源是一个大质量旋转黑洞。马丁不但是大科学家，也是有名的科普作家。他写过很多普及读物，包括《我们的宇宙家园》（Our Cosmic Habitat）和《六个数》（Just Six Numbers）。2003年10月，他发表了一部惊人的著作——《我们最后的世纪》（Our Final Century: The 50/50 Threat to Humanity's Survival），警告我们在下个世纪生存的概率只有50%。

复杂的宇宙和宇宙的未来

　　我第一次遇见霍金，是来剑桥加入西阿玛（Dennis Sciama）的研究小组，[1] 那时史蒂芬已经从牛津过来两年了。天文学家有惊人的想象力，但我那时怎么也想不到能目睹这样一个盛大的庆典。能在这个场合讲话，真是莫大的荣幸和快乐。

　　我从一句话说起，那话不是史蒂芬的，而是爱因斯坦的。爱因斯坦最有名的一句话说：

　　　　宇宙最不可理解的事情是它是可以理解的。

　　我们确实在开始发现宇宙的意义。我们在度量宇宙的大小，正如古代先人和17世纪的航海家们度量地球的大小和形状。我先概括这些进步，然后提出两个疑难。

---

1. Dennis Sciama（1926 — 1999）是狄拉克的学生，也是霍金、马丁等众多学生的老师，是天体物理学和现代宇宙学的杰出倡导者，1999年12月18日逝世，G.R. Ellis在《自然》杂志发表了纪念文章［Nature 403，722（2000）］。

我们眼中的宇宙

首先，我们能否在更深层的意义上认识我们的宇宙为什么是那样的？我们能否说明，它是如何从简单的起点演化为我们生活的那个复杂的宇宙家园的？

如果我们能飞到200万光年外的地方，那么回头来看，我们的银河系大概会跟我们的芳邻仙女座星云一样。斜着望去，银河是一个千亿颗恒星的圆盘。其实，今天的望远镜看到了几十亿个星系，它们正越来越清晰地显露出来。就在最近，英国和澳大利亚的天文学家们才完成了150 000个星系的巡天计划（图1）。它揭开了我们宇宙的"组织"。星系聚集成星系团，甚至更大的超星系团。但没有星系团的集团，更没有无限的集团的集团。大体上讲，宇宙看起来确乎很光滑，这一点能简化许多问题。

宇宙的总体运动也很简单，自哈勃（Edwin Hubble）以来我们就知道了。遥远的星系在离开我们，离开的速度正比于它到我们的距离。因此，它们过去是聚集在一起的——也许在130亿年前。

不过，这并不意味着我们处在某个特殊的位置。我们来看图2的空间网格，假如我们把棍拉长，那么顶点会相互离开，速度依赖于它们之间的棍的数目。这是一个很好的宇宙膨胀模型，不过有一点问题：正如图1显现的，星系并不处在规则的网格上。但是，假如我们想象星系团都由棍棒连结，而所有棍棒都在拉长，那模型就对了。不存在什么偏爱的中心，任何星系的观测者都会看到宇宙在各向同性地膨胀。

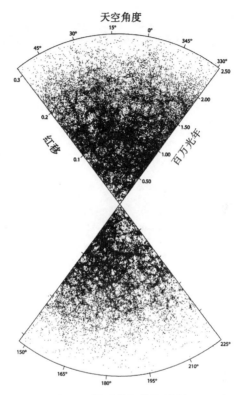

图1　2 dF 巡天计划得到的星系分布[1]

　　然而,因为光速是有限的, 所以, 当我们向太空更深处望去, 我们实际看到的景象, 会更像埃舍尔 (Escher) 的另一幅画,"天使与魔鬼"(图3)。因为, 当我们极目我们视界的尽头, 我们看到的宇宙是它在更年轻、更紧密时候的样子。

---

1. 2 dF 即 " Two Degree Field System " (2 度视场系统), 是目前最复杂的天文仪器, 它能同时获得天空2°视场范围内的400个天体的光谱, 然后根据光谱的红移来确定星系的距离。

图2　拉长的棍代表膨胀的宇宙（Escher）[感谢 *Cordon* 艺术][1]

　　其实我们如今能回望更远的过去。哈勃太空望远镜拍摄过一张令人惊奇的照片，那是比满月的百分之一还小的一小块天空。从中型望远镜看，这块小天空是漆黑的。而那张太空深处的照片，揭示了几百个模糊的光点。每个光点都是一个完整的横贯几千光年的星系，它们显得那么小、那么模糊，只是因为距离我们太遥远。而我们与这些遥远星系之间，还隔着巨大的时间距离。我们今天看到的是它们刚形成的样子，还没有成为仙女座那样的不停旋转的风车。它们主要由弥漫炽热的气体组成，核聚变将原始的氢原子转化成周期表上的原子，也给气体供应燃料，孕育未来的恒星。实际上，地球上所有的碳、氧和硅，都是在我们银河系的古老恒星中形成的。这些元素，通过图4的

---

1. 关于 Escher 和他的画，有说不完的话题。有兴趣的读者可以看看他的一个数学家朋友 Bruno Ernst 写的《魔镜》（田松译，上海科技教育出版社，2003）。1984年，Escher 作品的版权都转给了荷兰 Cordon 艺术公司。

图3　天使与魔鬼（Escher）[感谢 *Cordon* 艺术]

循环过程，在太阳系形成之前就产生了，而且是恒星发光的燃料留下的名副其实的核废料。

　　我们仰望仙女星系时，常常想知道是不是有别的生命也在回望着我们。也许有的。不过在那些十分遥远的星系肯定没有，因为它们那儿的恒星还没来得及把氢转化为构造行星的砖块，当然更不会有生命。

　　实际上，天文学家能"回望"大爆炸以来90％的宇宙历程。距离我们最遥远的，其实是某些新发现的叫作"类星体"的活动星系。它们的光谱如图5。图中有三个光谱：赖曼 α-线，在远紫外区，波长1216 $\overset{\circ}{A}$，在这里被拉长了7倍多，所以出现在9000 $\overset{\circ}{A}$。光从这些天体出发的时候，宇宙比今天致密400倍，年龄只有今天的十分之一。

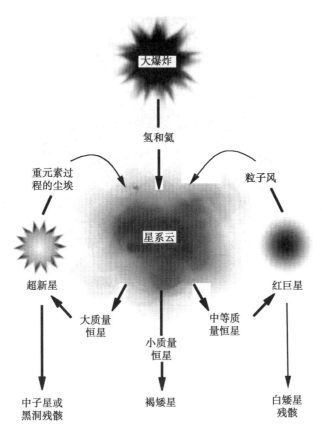

图4　重元素在恒星中合成的循环过程

　　那么，在任何星系形成之前的更遥远的时代呢？关于那个早期宇宙，我们最有力的一点线索是宇宙从致密的开端留下的辐射"余晖"。星系间的天空并不完全是冷冰冰的，它还弥漫着微波。1990年，宇宙背景探测（COBE）卫星发现那辐射在万分之一的精度上服从黑体的光谱。假如它是在炽热致密的状态下达到平衡的，那么这正是意料中的结果。随着宇宙膨胀，埃舍尔画中的棍（图2）拉长，辐射冷却稀薄下来，波长也拉长了。所以，我们今天看到它落在微波的波段，温度只比绝对零度高3度。但它依然在我们周围。它充满了宇宙，没有别的去处。

　　"大爆炸"这个词，是剑桥的天体物理学家霍伊尔（Fred Hoyle）发明的——本是为了嘲笑那个理论；他更喜欢的是他、邦迪（Hermann Bondi）和戈尔德（Thomas Gold）在1948年提出的稳恒态的宇宙。

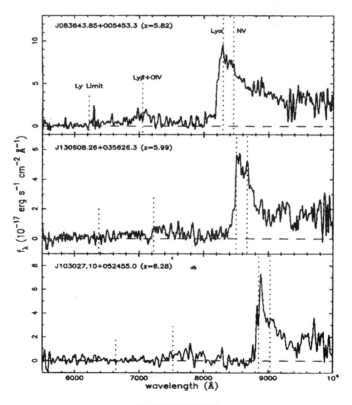

图5 红移的类星体光谱

宇宙微波背景辐射

　　宇宙的热起点还留下了另一样化石。在大约最初的1分钟里，一切事物都比今天恒星的中心还热。核反应也在那时出现了。不过幸运的是，宇宙炽热的时间很短，那些核反应还来不及把所有物质都转化为铁。否则，今天的恒星就没有燃料来源了。结果，根据计算，23％的原料是以氦的形式出现的，伴着一点中间产物的氘（重氢），还有少量的锂。计算与观测令人满意地符合；这一点巩固了大爆炸的学说，因为我们发现，似乎每个角落都至少存在着23％的氦，而恒星的过程不能解释为什么有那么多。

图6　1992年COBE宣布观测结果（《独立报》）

　　图6是1992年［4月24日］的一张报纸（当时是英国最好的一家日报）的头版。这期报纸发行那一天，美国宇航局（NASA）大肆宣扬了COBE卫星新近得到的一些结果。[1] 我们看到的是艺术家心目中的自10^{-43}秒以来的宇宙时间图。艺术家甚至还把恐龙画了进来：那是大众科学中惟一和宇宙一样引人入胜的话题。不过，画面揭示了宇宙第1秒时的星系的形成，那时刚产生辐射和氦。时间图的细节——特别是图的上半部分，宇宙1秒钟以后的细节，需要我们像地质学家或古生物学家学习地球早期历史那样去认真学习。关于地球的历史，我们只有间接的推论，而微波背景辐射和氦的分布带来的宇宙学证据却是定量的。

　　不过，在过去的30年里，本可能发现几个否定大爆炸的事实，但并没有发现。图7列举了五个可能的事实。假如发现了其中任何一个，我们都将不得不抛弃大爆炸的观念——可是一个也没发现。几十年来，大爆炸理论一直在困境中，但都挺过来了。实际上，我有百分之九十九的信心把今天的宇宙外推到它1秒的时候，那时的温度在100

反驳"热大爆炸"的5个事实

☞ 氦远小于23％的天体

☞ 比预言更微弱的毫米波辐射背景

☞ 质量在$100 \sim 10^6$eV之间的稳定中子星

☞ 与重子密度不相应的过多的氘

☞ 不足以解释当前结构的过小的$\Delta T/T$

图7 可能否定大爆炸的几个事实。

1.COBE发现的主要的结果是微波背景辐射存在约十万分之一的温度起伏（$\Delta T/T \sim 10^{-5}$）。

亿度左右。人们批判宇宙学家经常犯错误而从来不怀疑，所以我小心地留下百分之一的余地，也许我们真的就像发现几个新本轮的托勒密派天文学家，被自我满足蒙蔽了。

但是，关于更早的历史——图中最下面的部分，宇宙第1秒的千百万分之一以内，我们就远不那么自信了。我们不能全信报纸说的，后面我还要回来谈这一点。

顺便说一句，霍伊尔从来没有相信过大爆炸理论，尽管他在晚年确实妥协了，提出一个我想也许可以称作"稳恒爆炸"的理论。

大尺度结构的起源

人们有时惊讶，我们的宇宙怎么从一个未形的火球开始，生出今天那么纷纭的万千事物？[1] 这似乎背离了物理学的一个神圣原理——热力学第二定律。不过，结构的生成实际上是引力作用的自然结果。原来，膨胀的宇宙对结构生成来说是不稳定的：如果某个区域的初始密度比周围大一点儿，它会更加减缓膨胀的速度，从而使密度差别更大。这样，原来致密的区域就演化为一团聚集的物质，然后孕育出我们今天看到的结构。

如今理论家们可以在计算机上跟踪虚拟的宇宙演化。这些结果最好是看电影，不过我还是在这个文本里展示了几张"剧照"（图8）。

1.屈原《天问》："上下未形，何由考之？"说的是同一个意思；而且，我以为"未形"二字恰好能翻译这里的"amorphous"（没有确定形态的）。——译者注

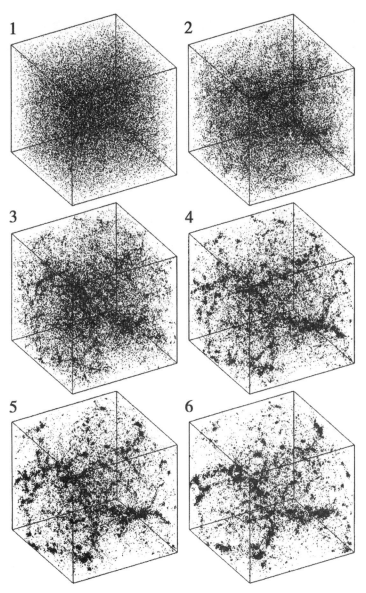

图8　在膨胀的宇宙中形成结构：来自"电影"的几张"剧照"［感谢Virgo Consortium］

模拟说明了引力是如何慢慢将物质吸引在一起的。早期宇宙的结构，看起来就像丝线交错的一个巨大的蛛网。气体云和亿万颗恒星沿着丝线收缩，成为原始的星系。决定这些复杂模式的，除了引力，还有流体动力学的定律。在丝线交错的地方，星系聚集成星系团。这些高密度的星系团区域包藏着高热的气体；而宇宙的低密度区域则在膨胀、冷却。星系形成的过程经历了几十亿年。随着宇宙不断演化，星系团也形成了。

星系有时会发生碰撞。当两个螺旋星系被它们的相互引力拉拢时，可能会猛烈地撞在一起。巨大的冲击在气体中激起强大的激波，而恒星几乎可以没有碰撞地穿过，因为它们之间存在着巨大的距离。巨大的气体云在波前浓缩，爆发强烈的辐射，形成新的恒星。引力的潮汐力从星系拉出恒星，划过长长的一缕云烟。当两个星系核靠近，发生第二次碰撞时，便生成一个单独的庞大结构。我们的故乡银河系，还有我们那个芳邻仙女星系，可能都会遭遇那样的命运，不过那是几十亿年以后的事情了。[1]

从几乎没有结构的火球演化为今天的世界，从冰冷的3度的夜空到炽热的千万度的恒星表面，都不存在热力学疑难。引力放大了线性密度的差异，当引力将气体云聚集在一起，使中心变得更加炽热，恒星也最终在那里生成。

---

1. 我们正在以每小时50万千米的速度走向我们的芳邻，大约在40亿年后会与"她"相逢。最近，哈勃太空望远镜偶然拍摄到了NGC 2207和NGC 2163的"大握手"。

宇宙的命运

现在我们向前看——不找化石了，来学做预言家。在银河系与仙女星系的大碰撞中，恒星将幸存下来，不过我们的太阳却将在70亿年后膨胀，在抛洒它的外层云烟之前，吞没所有的行星，蒸发地球上的一切生命残余。然后，它死一般地沉寂下来，成为一颗白矮星。那么，整个宇宙呢？它最终会停止膨胀吗？它会坍塌收缩吗？假如它继续膨胀，速度会慢下来吗？或者，它会在膨胀中加速吗？这些问题的答案，依赖于引力能使膨胀的步伐慢多少。简单计算说明，假如每立方米空间的平均原子数大于5，那么宇宙膨胀就会发生逆转。5个原子听起来似乎不多，但如果所有星系都粉碎了，把物质均匀分散到整个空间，也比它还空——每立方米只有0.2个原子——仿佛一朵雪花落在地球。这比所谓的临界密度小25倍，乍看起来，它似乎意味着宇宙有无限的空间永远膨胀下去。

可事情没那么简单，还有一个著名的暗物质的疑难。天文学家发现，星系和星系团将相互飞离，除非吸引它们的引力作用比我们实际看到的强大5倍。暗物质的存在有许多证据——我只给大家讲一个。

图9是距离我们10亿光年的一个星系团——较明亮的那些星系都属于这个集团。但我们也看到了许多暗淡的条纹和圆弧——它们是比那个星系团还远若干倍的更远的星系。它们显现成这样的图像，是通过扭曲的透镜看到的。平常，我们通过粗糙的透镜，会看到墙纸上规则的花样被扭曲了；同样，根据爱因斯坦的预言，穿过或接近星系团的光线会发生偏转，从而扭曲遥远星系的图像。但是，假如星系

图 9　通过引力透镜看到的星系团 Abell 2218 背后的星系 [据哈勃太空望远镜]

团除了我们看见的星系外没有别的东西，我们怎么也不可能想象显现在这些弧线的巨大偏转和扭曲。所以，这个事实证明了那些星系团所包藏的物质，比我们看见至的多5至10倍。

那么，暗物质会是什么呢？宇宙的大部分没得到说明，是令人疑惑的。过去认为暗物质可能是暗淡的星体，或大质量恒星的残骸。但多数现代宇宙学家猜测，暗物质也许根本就不是原子组成的，而是大爆炸留下的奇异粒子。之所以相信这一点，主要因为，假如平均原子数密度不是每立方米0.2，而是1或2，那么根据大爆炸计算的氘的总量将偏离我们的观测。多余的奇异粒子不参与核反应，也不会破坏观测与计算的和谐；但如果暗物质是原子组成的，情况就不同了。

暗物质的本性问题，将来可能在我们的双刃剑下屈服。首先，我们可以直接探测它们。暗物质粒子遍布我们整个宇宙，正以每秒300

千米的速度从我们的房间飞过。寻找工作已经开始了，为了减小背景干扰，灵敏的探测器埋在地下实验室。英国人正在约克郡惠特比附近的一座矿山忙碌着。假如实验成功了，我们不仅能发现宇宙的绝大部分是由什么组成的，而且还能额外发现一些新粒子。

第二股力量来自粒子物理学的进步。假如对早期宇宙存在的粒子类型有了更多的认识，我们就能像计算宇宙最初三分钟里产生的氦那样，满怀信心地计算有多少粒子能在大爆炸的第一个微秒中幸存下来。

宇宙学家用字母 Ω 来记我们宇宙的实际密度与临界密度之比。现在看来，根据星系和星系团推测的暗物质只不过将 Ω 提高到 0.3 左右。假如总共就那么大，我们就不会生活在平直的宇宙，宇宙的几何将是双曲型的，遥远的天体看起来会比它在欧氏空间小。

可是，就在最近的一两年里，有了更令人信服的证据说明我们的宇宙是平直的，就是说，假如你在宇宙画一个三角形，它的三个角的总和是 180 度。这个证据来自微波背景辐射。背景辐射并不是在整个天空完全光滑的。仔细研究可以发现，天空不同地方的温度有着十万分之一的涨落。这些涨落孕育了我们今天宇宙的结构。理论还告诉我们，涨落在某个特定的线性尺度 —— 相应于声波在早期宇宙所能传播的距离 —— 可能是最大的。相应于那个线性尺度的角度大小却依赖于宇宙的几何。

几乎在每个宇宙学会议上，我们都能没完没了地看到图 10。这

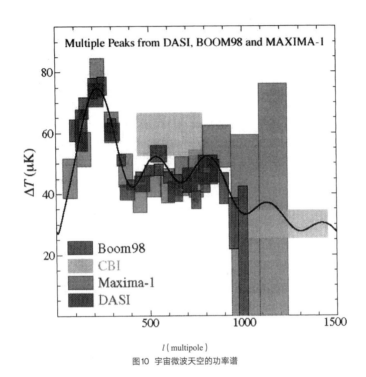

图10 宇宙微波天空的功率谱

个图说明，随着角尺度的变化，宇宙在不同的角尺度上显得多么粗糙。如果宇宙的密度低，峰值应出现在大约半度的范围；如果宇宙是平直的，那么因几何是欧氏的而不是双曲的，峰值的角尺度应该大一倍——大约1度。

就在过去的一年里，主要在南极的气球测量和地面测量，确定了这个所谓多普勒峰的角尺度。把所有数据集中起来，我们可以发现，在90％的精度上，峰值出现在它在平直宇宙中应该出现的地方。如果我们生活的宇宙只有0.3个临界密度的暗物质，那么峰应该更靠图的右端，如图中的虚线。[1]

　　那么，使我们的宇宙平直的其余70%的东西是什么呢？它不是暗物质，而是非聚集的东西——潜藏在空间的某种形式的能量。这个观念的最简单形式可以追溯到1917年的爱因斯坦。他那时信奉静态的宇宙，在自己的场方程里添加了一个额外的项，即他所谓的"宇宙学常数"，Λ。这个潜藏在空间的能量（照我们今天的解释）产生一种排斥力。因为，根据爱因斯坦方程，引力不光依赖于密度，也依赖于压力，而真空能量一定具有强大的负压力——就像张力——结果产生一种排斥作用的反引力。所以，如果使宇宙平直的那额外70%的质能潜藏在空间，我们就会有一个平直的宇宙，不过在加速而不是减速。实际上，在最近两年，这些观测与其他截然不同的证据达到了惊人的和谐。

　　遥远的 IA 型超新星（一个专业的说法）就像具有某个标准当量的核弹。我们观测它们的亮度，然后推测它们的距离。两个独立研究小组根据这些遥远超新星的红移–距离关系，发现了非常好的证据，说明宇宙正在加速膨胀着。于是，根据这些一致的事实，我们选择了描述宇宙的几个关键参数，如图11。

　　宇宙是平直的——令多数理论家满意——但它的质能组成却是

---

1. 背景辐射的涨落通过温差 ΔT 来表示，它可以像地球的引力场或磁场那样，用所谓的球谐函数来表达。球谐函数的多极展开，就是图中横坐标的"多极"（multipole）；这里的 l 是球谐函数的一个指标，我们熟悉的量子力学中的"角量子数"就是它。图中曲线是在 Ω＝1（平直宇宙）假定下的理论曲线，如果 Ω＝0.3，那么第一个峰应该出现在 l＝400处。数据来自不同的实验；图中代表实验的那些缩写词的全名，罗列出来会很长，还是请读者慢慢去熟悉它们。

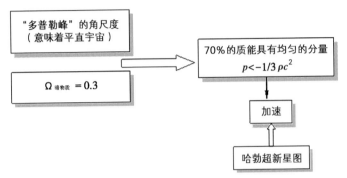

图11 宇宙学参数的和谐

令人非常惊讶的混合物：原子只占4%，暗物质占20%~30%，而其余的是最神秘的暗能量，大约占70%。

　　那么从长远看，我们能说些什么呢？星系不但会解散，而且在加速离开我们时还会出现更大的红移。最后，什么都从视线消失了，我们只能看见银河与仙女星云结合的残迹：燃烧殆尽的恒星所形成的一个无形的星系。实际上，那些恒星的残骸最终也将随着原子的衰变而消失，因为我们相信，原子不会永存。而霍金也向我们证明过他著名的观点：黑洞也不会永存。不过，宇宙终结的过程是非常非常缓慢的。正如伍迪·艾伦（Woody Allen）说的：

　　　　Eternity是十分漫长的，特别在接近终结的时候。[1]

---

1. Woody Allen（1935—）是美国电影的奇人，甚至有人说，美国电影每年有两件大事，一个是奥斯卡奖，另一个就是艾伦每年的影片。他是因为1977年的《安妮·霍尔》（Annie Hall）名扬天下的。在中文里很难找到eternity等同的词，所以把原文留下。

我们对久远的未来只能说这些。现在我们还是回到起点。

"遂古之初"[1]

如图8描绘的那些宇宙结构的计算，需要在某个早期的时刻（例如1秒），确定几个"初始的"数值：膨胀速率，不同物质的比例，包括所有原子、暗物质、暗能量、辐射和涨落的特征，当然还有物理学的基本常数。我们不想任其自然——我们想知道为什么它们具有我们看到的数值。任何解释，假如有的话，都藏在更早的宇宙——远远不到1秒的时候。

图12是报纸上那张时间图的另一个形式。正如我说过的，我有99%的把握回溯到宇宙1秒钟的时候。我自信是因为那时的物质仍然跟空气一样稀薄。传统的实验室物理还有用，而且得到了背景辐射、氦分布等事实的证明。不过，外推越远，我们的实验基础越薄弱。在第一个万亿分之一秒时，每个粒子的能量都超出了欧洲核子中心（CERN）的新加速器（LHC）的能力。

但很多宇宙学家怀疑，宇宙的膨胀速率和平直性是早就决定了的，那时我们的可见宇宙中的万物都只有网球那么大。根据所谓的宇宙暴胀理论，宇宙在10^{-35}秒时开始以巨大的速率指数式地扩张，一直扩张到图的底部。暴胀概念，自古斯（Alan Guth）30年前发表他的经典

---

1. 这是《天问》开头的一句，"遂"同"邃"，"远也"。译成英语，就是"The very early universe"，我们这里反过来，将就它来译那句英文。（很遗憾，《天问》的英译本似乎都没有足够的宇宙学味道。）——译者注

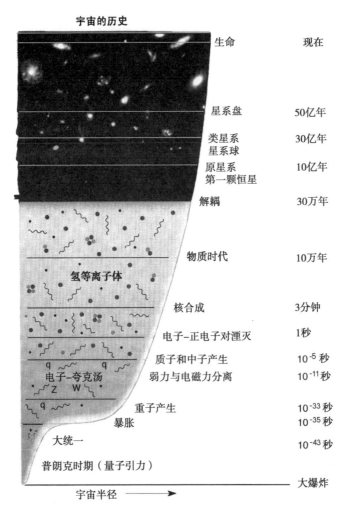

图12　宇宙的时间尺度

论文以来, 一直是前沿话题。不过应该说明的是, 现在出现了竞争的

猜想, 特别是图罗克 (Neil Turok) 和斯坦哈特 (Paul Steinhart) 提出

的，大爆炸是另一个宇宙的撞击所激发的，那个宇宙通过第4个空间维与我们分离。

于是，我们有好些思想来解释为什么宇宙那么大、为什么是平直的（专业说法）。但是，关于其他特征，那些对复杂宇宙的突现至关紧要的特征，我们还没有清楚的解释。我现在来讲两个。

第一个特征与我前面所说的宇宙结构有关——尽管宇宙结构有那么一点儿粗糙，但还不至于拒绝宇宙学家在大尺度上运用光滑的方法。孕育星系的涨落，也许是宇宙在微观尺度烙下的量子涨落，我们还没有完全认识。不过，为了产生我们看到的微波背景辐射、生成我们看到的结构，涨落的幅度（以自然方式测量）应该是十万分之一。这个数，我称它为 Q，决定了宇宙的粗糙程度。

更光滑的宇宙，Q 远小于十万分之一（10^{-5}），不会有恒星生成。100亿年后它仍然是一团未形的冷氢：没有星系，没有恒星，也没有人。而另一方面，更粗糙的宇宙，Q 远大于 10^{-5}，是暴烈的空间，也不可能形成星系和恒星：远比星系团致密的巨大黑洞在膨胀之初就可能形成，也就没有机会产生后来的星系和星系团了。因此，为了成为我们的家园，宇宙的 Q 值必须在 10^{-5} 左右——我们不知道那是为什么。

还有一个对物理世界至关重要的基本数字，度量引力与其他自然力相比的强度。从某种意义说，引力是非常微弱的：拿两个质子放在一起，它们之间存在着服从平方反比律的电力，也存在着引力。但两个力之比大约是 10^{36} ——因为这一点，化学家在考虑分子的时候才可以不担心引力的作用。(另一个相关的"大数"是所谓引力精细结构常数的倒数,接近10^{38}。)但引力在大尺度上却占了上风,因为所有粒子都具有正的"引力荷",而正负电荷在任何宏观物体中,几乎抵消干净了。

图13说明了宇宙中物体质量如何随半径变化。半径沿水平方向(对数尺度),质量沿竖直方向。对角线是黑洞的大小——它们的半径与质量成正比。如果想在实验室做一个质子尺度的黑洞,它的质量

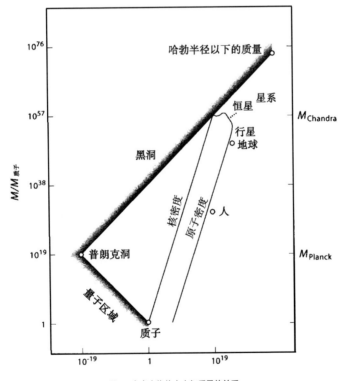

图13 宇宙中物体大小与质量的关系

应该是多大呢？从图上就能读出来——它应该包含大约10^{38}个质子。那是一颗小行星的质量，几个立方英里的岩石。因为引力太微弱，大量粒子必须聚集在一个粒子的空间，引力才可能抗衡微观的自然力。史蒂芬讨论过这些小黑洞，它们有着惊人的性质，但似乎不可能在我们的宇宙生成，令人失望。

恒星是引力束缚下的核聚变反应堆。它们有着寻常的密度，但非常接近黑洞的直线，引力在那儿起着重要作用。从这儿可以看出，一颗恒星需要的原子数大约是10^{57}，等于10^{38}的3/2次方。

假如引力不是那么微弱，度量其强度的数不是10^{38}，而是10^{28}，那么图13大体还是一样的，但恒星会更小，还会加速；而像我们这样大小的物体会被引力挤压更紧。引力决定着宇宙结构的形成，束缚着恒星和星系；但引力越弱，它的影响越广大。只有当引力非常微弱时，才可能在微观世界与引力统治的尺度（恒星与星系的尺度）之间存在那么大数量级的悬殊。对物理学家来说，这个事实还有一种表达方式：普朗克质量，即康普顿波长等于引力半径的黑洞的质量，比质子质量大10^{19}倍左右。它还意味着，宇宙的初始量子态要炽热得多，而且比质子和反质子衰变的时代早得多。

我们就是要认识诸如10^{38}和表征结构$Q \approx 10^{-5}$那样的数字。它们在宇宙开端就烙下印记了，物理学在那时的作用其实非常极端，当然也没经过检验。那个极端的物理学将在宇宙和微观世界之间建立新的联系。

希望似乎寄托在超弦或M理论，它包含着卷缩在微小尺度下的额外维度。而更令人振奋的是——我只是它的一个旁观者，不是专家——那些额外的维可能并不都卷缩那么紧而看不见。我们在这个星期听说，有些维可能在加速器实验中通过反常现象表现出来。实际上，有些维可能根本就没有卷缩。我们不能排除这样的可能：就在离我们几毫米以外还存在着另一个宇宙。但我们不能直接看见它，因为那几个毫米是在第4个空间维测量的，而我们却被囚禁在自己的3维空间。

多宇宙？

暴胀（以及其他某些关于早期宇宙的理论）的一个普遍结论可能有着深刻的意义。那就是，我们可能不得不让我们的概念视野延伸更远；我们一贯所说的"我们的宇宙"也许并不是物理实在的全部；我们的大爆炸也许不是惟一的。如果真是那样，我们的大爆炸能有多少可以完全解释呢？也许，当我们认识了早期的宇宙时，会发现孕育我们现实宇宙的那个隐藏的秘方原是惟一自足和谐的：大爆炸在那时不可能生成一个不同的宇宙，具有不同的基本常数，不同的原子与暗物质的比例，等等。

不过，还有一个更有意思的可能，在我们目前的无知状态下，它当然也是合理的：我们所说的某些自然律，在更广大的多宇宙的视野中，也许不过是局部的"议事规则"，融合在某个更大的囊括一切的理论中，却不能由那个理论惟一地决定。假如事实果真那样，我们也就勿需疑惑为什么我们的宇宙看起来像是不同东西随意糅合而成的，而不是尽可能简单的 —— 有些人可能认为简单才更美，更具吸引力。

我想我们可以回顾在 400 年前的开普勒之后发生的事情。开普勒认为地球是独一无二的 —— 它的轨道是一个圆，通过优美的几何与其他行星的轨道发生联系。我们现在知道，天空有着亿万颗恒星，许多恒星也带着行星系统。而且，我们地球的轨道不是圆（是椭圆），并且一点儿也不特殊 —— 除了它必须落在一个特殊的范围，才能满足生命的需要：它不能太扁，必须与稳定恒星保持一定的距离，这样水才不会终年冰冻或者沸腾。类似的论证在更大的尺度上也许适用于我们的宇宙。那样的话，为我们宇宙的某些特殊性寻求纯粹解释的愿望，可能会跟开普勒的数字梦想一样，成为泡影。

确定这类猜想还有待一个终极理论，等它来告诉我们，是否可能发生许多而不是一个大爆炸。即使发生了许多大爆炸，我们也还需要知道在它们中间是否存在多样性，这样，我们所谓的自然律也许不过是我们的宇宙碎片里的议事规则；解释我们宇宙的某些特殊性的惟一办法，就是判定那些特征正好落在允许我们存在的范围。

图 14 中有一个字母 A 打头的词，我不想写出来。我很喜欢那个词儿，我想史蒂芬也一样喜欢。但它激怒了某些物理学家，因为他们不愿看到我们最终还是不能以惟一的方程来解释天地万物：他们不愿相信宇宙的基本常数也许仅仅是我们大爆炸之后的"环境事件"的结果。[1]

---

1. 作者不愿明说的那个词是"Anthropic"（就是"人存原理"的那个"人"）。时下的物理学家似乎流行把它叫"A 字"，不知是不是想让人们记起霍桑（N. Hawthorne）的"红字"（也是 A）。Smolin 写了一篇 40 多页的文章来批判人存原理，说它不能提出可证伪的预言，因此是不属于科学的；而多宇宙的理论有可能在一定条件下做出可证伪的预言。

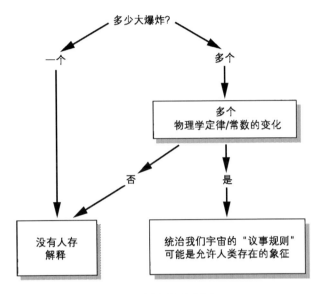

图14 一个宇宙还是多个宇宙

宇宙学的未来

　　总结一下：如果我们在史蒂芬70岁生日再聚会，会上将讨论什么热点话题呢？那时候，有的宇宙学问题可能已经解决了：我们会以充分的精度确定几个关键的参数，如Ω、Q和哈勃常数等。但那时的主题可能分岔。从社会学的角度看，大概像20世纪70年代出现在广义相对论领域的情形。那时，经过大量的努力（史蒂芬贡献尤多），人们已经在理论上把握了黑洞的主要天体物理学特征。过后，大多数一流的理论家，要么转向了量子物理学（如史蒂芬），要么走近了天体物理学[如索恩、巴丁（Jim Bardeen）等]。

伊斯雷尔（Werner Israel）在宇宙学家里区分了两种不同的智力类型："棋手"和"摔跤手"。我想，不论计算精密的棋手，还是身强力壮的摔跤手，两家都将面临许多挑战——尽管他们在未来的争锋会比今天更激烈。那时，做微波背景涨落的人们（举例来说），会横跨在两家的中间。

我希望"棋手"们能拿出一个更严格、更"合算"的极早期宇宙理论，取代我们在这些天讨论的那么多混乱的思想。也许，他们能在某些竞争的理论中发现内在的矛盾，从而缩小领域的范围；而更好的结果是，某个基本理论能在解释我们观测的事物中赢得充分的信任，从而我们也有信心将它应用到我们不能观测的事物。这样，我们也许能幸运地解决图14提出的两个问题。接着我们将知道是否能有一个大爆炸，或者是否有过多个大爆炸（如果有，那么它们表现了多少多样性）。

但是，我们中间那些不适合下棋的人，或者宁愿在泥坑打滚的人，也会面临来自眼前宇宙的挑战——我指的是宇宙后来90%的历史，它不再光滑和无形，而是包含着我们今天正在观测和模拟的演化结构。对后来的宇宙，基本的物理学是已知的，但它的表现却跟气候和其他任何环境现象一样，是复杂和非线性的。这部分宇宙学不仅是基础科学，也是最大的环境科学。我们将通过观测和计算机模拟来认识那些复杂的结果——它们决定着恒星如何形成，星系如何演化，也决定着为什么至少在一颗恒星的周围、至少在一颗行星上，原子聚集成了能意识自己存在的生命。那是一个没有终结的挑战。

最近，我看到一家出版商在广告里大肆夸耀一本宇宙学新书——不是在座诸位写的，不过我想书架上应该有——"因为它全方位覆盖了令人振奋的宇宙"！那当然是印错了。但一个星期以来在这里闪烁的火花似乎说明它没有什么不恰当的，它真实写照了生机勃勃的宇宙学前沿——在未来的几十年里，史蒂芬·霍金一定还会把那前沿推得更远。

詹姆斯·哈特尔（Professor James Hartle）

哈特尔毕业于普林斯顿大学，1964年在加州理工学院获博士学位。现在是圣芭芭拉加利福尼亚大学物理学教授。他的研究方向是把广义相对论用于天体物理学，特别是宇宙学。他的主要贡献在于引力波、相对论性星体和黑洞。最近，他的兴趣转向了量子力学、量子引力和宇宙学融合在一起的大爆炸的最初瞬间。自1971年以来，他常来剑桥，与霍金密切合作多年，提出了著名的宇宙起源的"无边界假设"。他是美国国家科学院院士、美国艺术与科学研究院（AAAS）研究员，曾任圣芭芭拉理论物理研究所所长。

霍金的宇宙波函数

　　出席史蒂芬60岁生日大会,在如此杰出的听众面前讲话,当然是一种荣幸。而我更是特别地高兴。我初见史蒂芬在30年前,我们那时同在剑桥的理论天文学研究所开始科学活动。从此以后,我总是跟随着他的灵感,幸运地在他开拓的几个方向和他一起工作。今天我想谈谈其中的一点。

不同事物在引力场中以相同加速度下落

　　在空中同一个高度放下一只猫、一颗炮弹和一本经济学课本,它们在引力作用下会以完全相同的加速度(9.8 m/s^2)落向地面。不同事物的重力加速度的等同,是物理学中经过最精确检验的定律之一。已知的加速度在万亿分之一的精度上相等。然而,这个定律却没有说明任何关于猫、炮弹和经济学的事情。简单说来,那就是我今天要谈的话题(图1)。

　　不过,如果猫、炮弹和经济学课本从某个现实的斜塔落下来,它们的加速度就不会在万亿分之一的精度上相等了。空气阻力、磁场和各种其他效应将干扰纯粹的引力场。实际上,加速度在那种精度的相

$9.8\,m/sec^2$

图1　演讲大概：如果只有引力作用，一只猫、一颗炮弹和一本经济学教科书会以完全相同的加速度落向地面。引力场中不同事物的加速度的等同，是物理学基本定律的一个典型例子。但是定律并没告诉我们有关猫、炮弹和经济学的事情 [来自演讲幻灯片]

等，只能在屏蔽了那些外来效应的精密实验室实验中，或者在那些效应无关紧要的天体加速度的研究中，才可能表现出来。现在，最高精度的记录是月球激光测距的结果，它证明地球和月亮以相同的加速度落向太阳。

　　20 世纪 60 年代末和 70 年代初，载人和不载人的奔月计划在月球留下了角反射器列阵（图 2 ）。角反射器是交于立方体一个顶角的三个镜面构成的。任何照射到反射器上的光线将在镜面间来回反弹，然后沿着它来的方向反射回去。1969 年以来，德克萨斯迈克唐纳天文台和法国格拉斯 Cote d'Azur 天文台[1] 就展开了系列研究计划，利用那些角反射器来监测月球轨道。高能激光器向月球发射光脉冲，然后从反射器反射回来。精确测量脉冲返回的时间（大约 1 秒），然后乘以

1. 1887 年，法国诗人 Stephen Liegard 把法国南部地中海沿岸称为 La Cote d'Azur（"蔚蓝海岸"）。从此，利维拉的法国段（French Riviera）又被称为 Cote d'Azur。

图2　月球激光测距。左图是几十年前的一个载人登月计划留在月球表面的角反射器。右图是从德克萨斯迈克唐纳天文台发射的一束激光脉冲被那些反射器发射回来的情形。通过测量脉冲从出发到返回的时间，可以在几个厘米的精度上监测月球的轨道。轨道分析表明月球和地球正以相同的加速度落向太阳，精度在万亿分之一的量级［NASA／迈克唐纳天文台］

光速，就能精确得出月球的距离。激光每秒钟发射10次，每次大约有百亿亿个光子发射出去，而每隔几秒探测到一个返回的光子。那些返回的光子已经探测了30多年，不懈的努力换来今天的结果。我们现在知道了月球相对于地球的位置，精确到几个厘米。月球轨道的研究表明，它正以和地球相同的加速度落向太阳，精度在万亿分之一左右。

　　不同的事物有着相同的加速度，这个定律是爱因斯坦广义相对论（史蒂芬的课题）的一块基石。不过，今天我不打算专门讲广义相对论，而想在更一般的意义上讲讲那些物理学定律。

物理学的基本定律

　　不同事物的重力加速度的等同性是自然法则的一个范例。万物以相同方式下落，这个法则是普适的，绝无例外！还有些法则可能适用

图3 不同事物在引力场中以同一个加速度下落。这是自然普遍法则的一个范例。
不同类型的事物可能在各自系统中呈现不同的法则

于相似环境下的特殊系统。例如（图3），我们放下3只猫，它们可能
都会"喵喵"地叫着以大致相同的方式落下来。不过，那也许只是一
个统计性的法则—— 10只猫落下来，可能平均8只会"喵喵"地叫。
别的系统则可能遵从它们各自特殊的法则而发生不同的事情。例如，
炮弹在下落中就静悄悄的。不过，不同事物的加速度的等同性，因为
普遍地适用于引力场中的任何落体，因而也是一类特殊的法则。这是
物理学基本定律的一个例子。

　　识别和解释自然法则是科学的目标。物理学和其他科学一样，关
心特殊系统表现的法则。恒星、原子、流体、高温超导、黑洞和基本
粒子，不过是众多例子的几个。这些特殊系统的研究，分化出不同的
物理学领域—— 天体物理学、原子物理学、流体力学等。但除了认
识特殊系统表现的法则之外，物理学还有特别的责任。那就是发现隐
藏在一切物理系统所呈现的那些法则背后的定律—— 那个统治一切
法则的定律，没有例外，没有限制，也不需要近似。不同事物具有相
同的重力加速度，就是一个例子。它们通常被称作物理学的基本定律。

把它们放在一起，就构成不那么正式的所谓"万物之理"。史蒂芬一直在领着我们寻求这些普遍定律。今天，我想问一个问题："如果拥有了'万物之理'，我们对世界能知道多少呢？"

当实验和观测揭示了新的现象，达到了新的精度水平，关于自然律本质的观念也会随之而改变。不过，从多年的研究看，我们认为基本定律包括两个部分：

> ☞**动力学定律**，决定事物随**时间**的运动法则。例如，决定行星秩序或网球路线的牛顿运动定律，不同事物在引力场中具有相同加速度的定律，决定宇宙演化的爱因斯坦方程。
>
> ☞**初始条件**，决定事物如何开始，因而通常决定事物在**空间**的法则。星系在宇宙的大尺度分布的统计规律是一个可能的例子（图4）。

这种"万物之理"的观点，令人想起拉普拉斯的名字。他在《概率的解析理论》（第二版）的长篇序言里写过一段有名的话：

> 如果在一个给定的时刻，知道所有作用的自然力，还知道组成宇宙的万物在那个时刻的位置，那么我们的智力将能在单独一个方程里认识世界的最大物体和最小原子的运动……对它来说，没有不确定的东西，不论过去还是未来，都将呈现在它的面前。

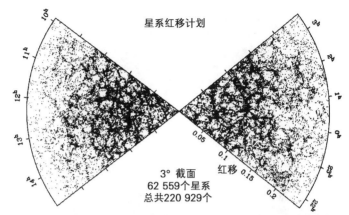

图4　来自2dF星系红移巡天计划的一个图，指示了62 559个遥远星系在宇宙的
两个角区域（从地球望去，大约90°宽，3°深）的位置。星系与我们（图中心）的
距离由它的红移来度量。图中的点、线和空白的分布的统计，是直接跟宇宙初始条件
相联系的大尺度规律

这是1820年左右的万物之理 —— 牛顿决定论。

　　我们做任何预言，都需要万物之理的这两个部分。牛顿的动力学
定律本身并不预言你扔出的那个网球的轨迹。为了预言网球飞向哪里，
还需要确定你在哪儿扔的，什么方向，多大速度。简单说，你必须确
定网球的*初始条件*。史蒂芬最著名的成果之一正是那样的初始条件，
当然不是网球的。他的无边界初始条件是整个宇宙的。

　　动力学定律的理论，自牛顿时代以来我们就一直在认真追求。经
典力学、牛顿引力、麦克斯韦电动力学、狭义和广义相对论、量子力
学、量子场论和超弦理论，都是这个漫长追寻历程的里程碑。而边界
条件的理论，自30年前史蒂芬的开拓性工作以来才成为我们的追求。
为什么出现这种差别呢？上面讨论万物之理两方面法则的例子，暗示

图5　不同事物在引力场中以相同加速度落下，是一个局域的基本动力学定律。物体的加速度仅依赖于它所在位置的引力场，而不依赖于遥远的物质分布或过去发生的事件。于是，基本定律可以通过在宇宙的任何实验室所做的局部实验来发现

了问题的答案。我们拿网球轨迹的例子来说明动力学定律的法则，拿星系的大尺度分布来说明隐藏在初始条件定律背后的法则。两种定律预言的运动法则，在类型和尺度上是不同的。

　　动力学定律预言在时间里演化的法则。基本动力学定律在空间和时间都是局部的，是一个幸运的经验事实。网球轨迹仅依赖于邻近空间和时间的条件，而不管宇宙遥远的地方在发生什么，也不管遥远的过去发生了什么。说幸运，是因为这意味着动力学定律可以在地球的实验室里发现和研究，然后外推到宇宙的其余地方。例如，因为是局部的，不

图6　本图来自Boomerang实验，说明宇宙背景辐射的一块天空的温度分布。明暗区域在平均温度2.73K附近只有十万分之几度的差别。这是我们所能获得的宇宙最早期的图像，大约在大爆炸后几十万年。温度的变化是那时密度集中的证据，聚集的物质在后来的150亿年里，在引力作用下形成我们今天看到的星系，从而呈现图4的大尺度分布

同事物在引力场中以相同加速度下落的定律，就可以通过实验来发现，不论在这里的实验室，还是在整个星系的任何地方（图5）。假如动力学定律没有此时此地的简单性，我们也许永远不可能发现它们。

相反，宇宙初始条件定律所决定的法则出现在巨大的宇宙学尺度。在小的空间尺度，宇宙是不简单的，看看我们现在这间屋子的混乱和复杂就知道了。但在大尺度，在宇宙学的尺度，宇宙的确是简单的——在各个方向上多少是相同的，在不同的地方也多少是相同的。

宇宙背景辐射的斑点图（图6）说明了这一点。宇宙的开端是不透明的、炽热的、火红的。它在膨胀中冷却。大爆炸过后几十万年，

物质冷却到一定温度，开始变得透明。从那时开始传向我们的光，如今冷却到只比绝对零度高几度。这就是宇宙背景辐射，表示辐射温度在不同方向的差别的图，如图6，是我们现有的宇宙最早期的图像。

图6的斑点图也许不能证明早期宇宙是不光滑的，但明暗区域的温差只有十万分之三度。凭我们眼睛的分辨率，那时的宇宙看起来应该是完全光滑的。大爆炸初始条件的认真研究之所以最近才开始，只是因为我们最近才有了这样详细的宇宙学观测，使我们能揭示那个初始条件所决定的法则。

量子力学

自牛顿和拉普拉斯以来，我们关于基本定律和万物之理的本质的观念，还以另一种方式在发生改变。那就是量子力学。我们还不知道基本定律会有什么样的最终形式。但最近85年来的物理学令我们不得不相信，它们将顺应我们称之为量子力学的那个精妙的预言框架。

在量子力学中，任何系统（包括宇宙）都用波函数 Ψ 来表达。波函数如何随时间演化，由所谓薛定谔（Schrödinger）方程的动力学定律决定：

$$ih \, \mathrm{d}\Psi(t)/\mathrm{d}t = H\Psi(t) \text{（动力学定律）}$$

在这里，被称作哈密顿量的算子 H 概括了动力学理论。对不同的理论，如麦克斯韦电动力学和强相互作用理论，H 有不同的形式。和牛顿的

运动定律一样，薛定谔方程本身也不能做任何预言，它还需要一个初始条件。那就是

$$\Psi(0)（初始条件）$$

当我们把宇宙看作一个量子力学系统，这个初始条件就是霍金的宇宙波函数。

    经典力学与量子力学的关键区别在于概率。我们先看经典物理学中的概率。假如我在这房间里扔出一只网球，说它有60％的概率打在某个听众的头上，并不是意味着我不太相信牛顿力学能决定球的轨迹。那60％只是说明我不知道会以多大的初始速度把球扔出去，不知道空气对球的运动的具体影响，而且还可能怀疑自己做精确计算的能力。如果我在扔球的时候学会了控制它，后来的过程会更加确定。经典物理学的概率来自我们的无知。

    但在量子力学中，概率是不可避免的基本特征。不论多么仔细地确定网球的当前状态，那些状态的总和也不可能确定它的轨迹。在量子力学中，网球离开我的手以后，有可能沿着任何轨迹。不过，在经典情形，有一条轨迹——遵从牛顿定律的那条——比其他所有的更有可能。经典物理学的决定论是近似的，但也是我们在许多现实情况下可以信赖的近似。

"包罗万象的理论"不是"万物之理"[1]

我的同事盖尔曼（Murray Gell-Mann）常常问我，"如果你知道宇宙波函数，你为什么还没富起来？"关于哈密顿量和初始状态的量子力学理论确实预言了可能在宇宙发生的每一个事件的概率，从这点说，它是一个"包罗万象的理论"。然而，只有很少的事件是确定预言的。绝大多数事件的预言几乎都是"可能有，也可能没有"，没给我们提供有用的信息。从这点说，一个"包罗万象的理论"并不是我们追求的"万物之理"。

我们希望，对那些能充分预言我们目前在每个实验室的实验结果的有效动力学理论的形式，概率应该很高。我们也希望，一个包罗万象的理论几乎可以确定地预言如下一些宇宙的大尺度特征：大尺度的光滑性、星系分布的统计（如图4）、基本动力学定律的特征时间尺度与宇宙年龄之间的巨大悬殊。

当然，我们不能指望它做出别的某些有趣的预言，例如说什么FTSE指数明天会上升。[2] 因为上升的明天也是宇宙历史的一个事件，原则上我们可以根据某个包罗万象的理论来计算它的量子力学概率。（不过我怀疑它远远超出了我们眼下的计算能力。）但当我们计算以后，很可能发现预言的上升概率是50%。这就是我们为什么不能从宇宙波函数得到更多，为什么包罗万象的理论不是"万物之理"。

1.如今物理学家的梦想，大概就是"原天地之美而达万物之理"（《庄子·知北游》）。当我们说"万物之理"时，它接近所谓的"终极理论"；而"包罗万象的理论"，只不过说理论包容了很多东西。我们想以这两个名词来区分同一个英文词组（a theory of everything）。
2.FTSE = the Financial Times-Stock Exchange（Group），英国富时指数（公司）。

为什么包罗万象的理论不能解释"万象",还有一个更深层的原因——它太短了。有个人电脑的人都知道,图片文件通常比文本文件长很多。例如,我正在为大学生写的广义相对论课本,包含了大约 1Mb 的文字和 100 Mb 的图片。粗略估计,为了在合理的粗粒化水平上以经典语言描述我们可以看见的宇宙,大约需要10亿亿亿亿亿亿亿亿亿亿(10^{81})张光盘(CD),而它们描写的不过是宇宙的一个瞬间!把可见宇宙的所有行星、恒星和星系的物质都拿来,也做不了那么多 CD。

然而,宇宙的这种描述是可以压缩的,因为它呈现着大尺度的法则。压缩思想在计算中是很寻常的。如果一个大文件表现出一定的规则,我们可以压缩它的长度。例如,文件里的1000个"0"的一串字符,"00000000000000000000 … 000",就有一种规则,它可以用"1000个0"来代替。自然定律所概括的法则,也能实现这样的压缩。例如,我们不需要说"炮弹以9.8 m/s^{2}下落,猫以9.8 m/s^{2}下落,经济学课本以9.8 m/s^{2}下落,……",自然律允许我们说"一切物体在地球表面附近都以9.8 m/s^{2}下落"。这个说法更简单,也更有用。我们看到的任何事物,每片树叶的每一条纹路,人类历史的每一个事件,每一个思想,都是可以压缩的长长的字符,都能压缩成可以通过非常简短的计算机程序来实现的一个个定律。但似乎没有证据说明宇宙也呈现着这样的规则,连拉普拉斯也没想过这种事情。

决定论的经典理论是不允许无知的,它的初始条件必须能具体地描述我们当前的宇宙。于是,假如宇宙是经典定律主宰的,我们就可能需要那么多的 CD 来写出初始条件的定律,这样也就永远不可能有

CD来描写它。

现在，让我们拿史蒂芬的无边界宇宙量子波函数来同经典物理学的这种状况比较一下。那个条件由下面的简单公式决定：

$$\Psi = \int \delta g \delta \phi e^{-I[g, \phi]} \,(\text{无边界宇宙波函数})$$

多么简单！ 也许45个LaTeX键就能写出来。[1]而且，它不但是量子力学所可能具有的初始条件，也是那个初始条件的完备描述。它蕴涵了不确定性，但不包括无知。可以想象，基本动力学理论的基本方程也一样的简单。

可能有人认为这容易产生误导，因为我没有说明Ψ，g和ϕ等符号的意义。不过，即使把这10来个符号的内容以学物理的同学能理解的文字写出来，也只需要10 Mb或20 Mb就足以表达这个定律——很容易刻成一张CD。这意味着定律可以被发现并且实现，可以适用于宇宙间发生的一切事件，但只能接近确定地预言它所有法则中的几个。完备而可以发现的包罗万象的理论，只能存在于量子力学中，在那儿我们能预言某些事情，但不是所有的事情。

我在离开圣芭芭拉来剑桥之前，同事吉丁（Steve Giddings）问我准备在会上讲什么。我说，我想谈"在有了包罗万象的理论之后，我们将知道什么"的问题，并回答"还远没到那一步"。他大概答复我，

---

1. TeX是美国Stanford大学的Donald E. Knuth在20世纪70年代发明的排版系统，LaTeX则是Leslie Lamport在80年代初开发的。我们这本书的原版就是LaTeX系统做的。

"我希望你讲一些比那更有希望的东西！"但我的问题确实也是有希望的消息呀。正因为基本的宇宙定律几乎没有预言今天宇宙的什么复杂性，我们才可能发现它们。

还　原

宇宙的其他法则，那些特殊系统的法则——自由下落的猫的行为法则，环境科学、生物学、地质学、经济学和心理学研究的法则——是从哪里来的？它们是在量子力学的宇宙历史中自然发生的偶然事件的结果。借我的同事盖尔曼的话来说，它们是"冻结的偶然"，这些偶然事件"能产生许多由共同起源联系的具有长久影响的特殊结果"。

猫的行为法则可能真的多少依赖于基本的物理学定律，例如依赖于某个初始条件——产生3维空间的整个宇宙都光滑的初始条件，等等。不过，多数法则的起源可以追溯到40亿年前的生物演化的偶然事件。猫有同样的行为，是因为它们有共同的祖先，生活在相似的环境。之所以发生出现猫的偶然事件，主要依赖于基本的生物化学和最终的原子物理学。但那些偶然事件的特殊结果，则几乎与那"万物之理"没有关系。

心理学、经济学和生物学能还原为物理学吗？我们回答"是"，因为那些科目所考虑的东西都必须服从普遍的基本物理学定律。这些学科研究的每一样事物——人、账本、历史文件、细菌、猫，等等——在引力场中都以相同的加速度落下来。我们也回答"不"，因为在这些科目发生作用的法则根本不是普遍定律"在原则上"可以几乎确定地预言的。它们是产生突现法则的冻结的偶然的量子事件。回答是与否，要看我们想还原什么。

要点重现

我一直喜欢BBC新闻的"要点重现"，我也在这儿重现几个要点：

☞ 构成"万物之理"的基本物理学定律是那些决定每个物理系统呈现的特殊法则的定律，没有例外，没有限制，也不需要近似。

☞ 一个包罗万象的理论不是（也不可能是）量子力学宇宙中的"万物之理"。

☞ 假如它因为简单而可能被发现，那它也同样因为太简单而不可能预言所有的事物。

☞ 历史学、心理学、经济学、生物学、地质学等学科的法则，与物理学的基本定律一致，但不是从那些定律导出的结果。

不过也应该记住，特别是在当前的场合，我们在宇宙发现的所有美妙的法则，不论确定的还是不确定的，可预言的还是不可预言的，都可能是基本动力学定律和霍金无边界宇宙波函数的量子概率的结果。

最后，作者感谢国家科学基金会的资助（项目编号：PHY 00-70895）。

罗杰·彭罗斯（Professor Sir Roger Penrose）

罗杰生于1931年，是剑桥著名几何学家William Hodge
的学生，也许是大众最熟悉的数学家。他的普及读物，
特别如《皇帝新脑》，表现了他关于人类思维和数学物
理的独特观点。他刚从牛津大学Rouse Ball数学教授
的岗位退下来，兴趣也从时空的整体结构转向其他问
题。他是少有的认为量子力学也同样需要改造的科学
家。多年来，他一直在发展量子化引力的扭量方法。最
近又关心起大脑与量子力学和引力的关系。他超凡的
几何想象引出许多其他发现，包括不可能图形（他十几
岁就发明了"彭罗斯楼梯"，就是我们在Escher画中看
到的永远上升的楼梯）和从"瓷砖问题"（用任意形状
的一组多边形来铺满一个平面）引出的类晶体。

时空奇点意味着量子引力吗

我很荣幸能借这篇讲话来向霍金60岁生日表示我的敬意。昨天我在会上讲话的时候，心里老在发慌，想我可能会遭报应，被浑身涂满柏油，然后粘上羽毛。因为我要讲的关于额外空间维——那可是现代弦理论的核心呀——的东西，肯定不会讨人喜欢。[1] 我还想，我宁愿受那样的折磨，也不愿看到人们把那些话当作老人的胡言乱语，当作一阵过耳的风。至于史蒂芬，我很高兴他现在也正式步入老人的行列，所以也不怕说那样令人吃惊的事情了。当然，史蒂芬总是在做那种事情，不过以后他的胆子可能还会大一点儿。你们也看到了，我在想办法把那些羽毛一根根地拔下来，然后好好洗一个澡。可令我担心的是，尽管我昨天说的可能算新的（以前从来没有公开讲过），今天要讲的许多东西以前已经讲过好多次了。但它们也许比我昨天讲的更令人惊讶。

为什么是量子引力？

我从20世纪物理学的伟大革命理论说起（图1）。首先，我们迎

来了狭义相对论，一个与高速度相关的理论，产生了与牛顿力学的偏离。接着是量子力学。狭义相对论被推广为广义相对论，理论的时空（把时间和空间结合在一起的4维框架）也弯曲了，而曲率正好成为描述引力的工具。这是爱因斯坦带来的迷人理论。后来，我们把狭义相对论与量子力学结合起来，产生了量子场论。量子场论的某些最重要的贡献来自狄拉克（P. M. Dirac），而我们知道狄拉克是一位伟大的物理学家，曾站在霍金现在的岗位上。在图1中我们看到一些向下的波浪线，指示了这些理论所面临的基本问题。

图1 20世纪的伟大物理学理论和它们面临的问题 [演讲幻灯片]

在这些问题中，我先谈谈经典广义相对论的奇点，它们说明了爱因斯坦经典理论的基本问题。问题来自大爆炸，也同样来自黑洞，那里的曲率趋于无穷。为了探求物理学在如此极端状态下的意义，我们自然想把广义相对论的思想与量子场论结合起来——我敢肯定这是正确的方向。不过，量子场论也有自己的问题，而且存在很长时间了。

如果我们严格遵照量子场论的法则来计算，那么我们首先得到的几乎总是无穷大。无穷大不是我们需要的答案。我们信奉完全有限的答案。这意味着我们不得不在一定水平（可能在很小的距离）上修正理论。最流行的修正意见认为，不论修正的是弦理论还是回到更早的克莱因（Oskar Klein）的思想，在某种意义上都存在一个截断，或说得更玄一点儿，存在一个所谓普朗克尺度的微小距离。我们希望，广义相对论与量子场论的恰当结合，能改变我们关于那种极端小距离——比基本粒子的普通尺度还小大约20个数量级（10的20次方）——下的时间和空间的观念。

敏感的同仁还可以在图1中看到另一条向下的波浪线，它不是从量子场论出发的，而是直接源于量子力学。有时我们称它为测量问题——不过在我看来这似乎太轻视它了。它实际上是一个测量疑难，我想简单说几句。在物理学家中至今还流行着一种观点，只要我们专注于量子力学，就可以忘记那个疑难。似乎许多物理学家认为那个问题只不过牵涉到我们如何正确解释一件事情，而我们要做的也就是解释。（当然，有多少量子物理学家，就可能有多少不同的量子力学的解释——而且也许更多，因为有些量子物理学家在一生的不同时候，甚至有的在同一时候，对这个问题都会表达出对立的观点！）但我想在这里给大家讲的我本人的观点是，不论头两个问题（引力的奇点和量子场论的无穷大），还是这个测量疑难，都需要寻求一个正确的量子引力理论来解决。因此，一旦我们懂得了引力与量子力学如何相互关联，测量疑难也就解决了，不过要等到发现量子引力以后。

那么，我在说量子引力是所有三个问题的答案喽？从某种意义说，是的。我们确实需要"量子引力",但那个名词是什么意思呢?量子引力就是把量子场的理论过程恰当地用于爱因斯坦广义相对论或爱因斯坦理论的某个修正形式吗?例如,在弦理论中,我们用了更多的空间维,已经不是原来的爱因斯坦理论,而是它的某种修正形式。而且,尽管许多量子化广义相对论的尝试都确实在用标准的爱因斯坦理论,但量子化行为本身却需要改变那个理论。另一方面,所有这些方法都把量子场论当作金科玉律。难道这就是思考量子引力的正确方法吗?我们是不是应该给两者同样的机会,寻求更公平的联姻呢?我们所谓的"量子引力",通常把量子场论的法则看作不可或缺的——你一点儿也不能改动它——只需要将它们用于某种形式的引力理论。几乎从来没有人说过应该反过来,改变量子场论(或量子力学)的结构。当然,那是有理由的,因为即使要把那些法则用于广义相对论也是非常困难的。假如我们连这些法则也抛弃了,又该从哪儿开始呢?我们究竟做什么呢?我赞同这样的理由——一个很好的理由。不过在我看来,它还远不是充分的理由!

奇点的意义

关于奇点,我还想多说两句。图2是我简化的一张马丁·瑞斯的幻灯片,我们可以看到三个宇宙模型(为简单起见,我假定了宇宙学常数等于零)。其中一个是正空间曲率模型,宇宙从大爆炸奇点开始,最后又通过所谓的大挤压回到奇点。我们还可能有平直或负曲率的空间模型,它们只有大爆炸的奇点,而最终会无限膨胀下去。图3是埃舍尔画的一张美妙的双曲面,它是我们负曲率宇宙的空间几何(2维形式的)。当然,图3描绘了时空,而不单是空间。在这里,时间垂直

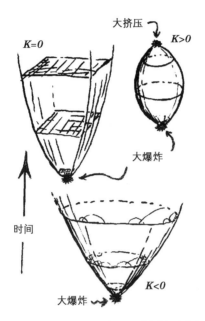

图2 三个基本宇宙模型及其奇点：平直，$K=0$（左上）；正曲率，$K>0$（右上）；
负曲率，$K<0$（下）

向上，而任意给定时刻的空间则是水平的通过图片的截面。埃舍尔的
这张画为我们提供了感受负曲率空间的最佳途径。它在2维情形下非
常精确而优美地描绘了负曲率的空间几何。埃舍尔还画过平直空间和
正曲率空间（图4），依然是图3的那群天使和魔鬼！

　　马丁刚才说了，最近的观测似乎说明我们生活在空间平直的宇宙。
当然，在宇宙学中——在任何领域中也是如此——我们一定要当心
说什么，不过我在这儿要讲的是另外一个问题。就在前几天，我听有
人说我们生活在这个时代是多么欣喜，我们很快就会知道我们生在哪

图3　埃舍尔的双曲空间

个模型的宇宙。发现宇宙在大尺度上是什么样子，是独一无二的奇迹。
但对我来说，完全不是那样的。假如观测令我们相信我们生在封闭的
球面或开放的双曲面的宇宙——是的，那是令人高兴的，我们也很
可能知道整个宇宙是什么样的。但是，假如宇宙空间在大尺度上真是
平直的，那么，好的直接观测可能跟它一致，却不可能肯定我们的宇
宙模型就是平直的。它们只能告诉我们，假如有空间曲率（它可以是
负的，也可以是正的），那么曲率应该小于某某数值。平直性是不可
能观测的——天知道我们要等多长时间，也许很多个世纪，等各种
不同的技术发展起来以后，我们才可能满怀信心地知道我们确实生活

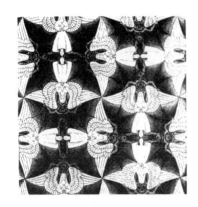

图4　埃舍尔的平直空间（左，版画）和正曲率空间（右，木刻）［感谢 *Cordon* 艺术］

在大尺度平直的空间里。对我来说，这是令人扫兴的，因为它意味着我们不可能根据今天的观测来认识我们所在的模型。只有当宇宙空间真是弯曲的，而且曲率（正的或负的）不是太小，我们才可能根据观测来确定它的模型，说生活多么欣喜的人们才可能真的高兴起来。

现在我请大家留意，这组图还有一个特点。图2的三个图形只不过代表着消除了所有奇异性的（宇宙学常数为零的）时空模型，因此我们谈的是理想化的没有任何奇异性的几何。但是，假如像图5那样把奇异性包含进来，那么，正如马丁指出的，它们有聚集成团的趋势，其中一个最终会在某个观测者的未来产生局域性的奇点。那些奇点就是黑洞里的奇点。于是，我们不仅从一开始就有大爆炸的奇点，我们还有来自黑洞的奇点。史蒂芬和我在20世纪60年代发现的奇点定理不但适用于大爆炸，也适用于黑洞的奇点，而且似乎没有能躲过它们的。如果我们采纳封闭的再坍缩模型，所有的奇点会纷乱地出现；而

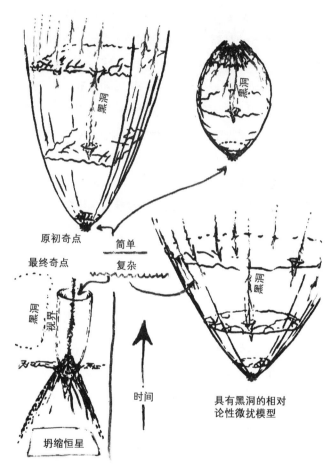

图5　在图2中考虑奇异性的简单弗里德曼模型。图中还画了黑洞奇点的形成（左下）

在永远膨胀的模型，奇点将限定在一定的区域。

关于图2，我要说明的另一点是，我画的爆炸仿佛发生在弗里德曼（Friedmann）模型里，那个模型早在宇宙学和广义相对论历史的初期就提出来了 —— 尽管人们近年来引进了各式各样的思想，如暴胀宇宙学和我们在最近几个月里听到的另一个新理论（它有一个希腊文的名字，ekpyrotic，我老是忘[1]）。我记得，当我第一次听说暴胀宇宙学时，我想，"噢，那个嘛，没关系的 —— 我用不着去理解它，那样的理论几个月就过去了。"同样，我听说那个古怪的希腊名字的理论时，也是那种反应，不过现在我也许已经有过教训了，它们不会是昙花一现的。不论我相信它什么，它都不可能在那么短的时间内消逝！但我现在想和大家讨论的东西，不仅是传统宇宙学的基本问题，也是暴胀宇宙学的基本问题，而且，在我看来，对那个我忘记名字的新理论来说，它是更可怕的问题。

熵

下面谈谈图5的几个图。这些图告诉我们 —— 最明显的是在封闭再坍缩模型的情形 —— 开始有一个看起来很简单的奇点，最后则是一派混乱。不是我故意把图画成那样，而是它们确实说明了宇宙演化的某些基本东西。马丁在讲话中也谈过这一点，不过还是让我以稍微不同的方式再说一次。它跟热力学第二定律有关，那定律大意说，熵随时间增大。熵在某种意义上指的是无序。所以，宇宙正变得越来越无序。人们通常拿图6a那样的图像来说无序是"宇宙的热死"。我们来看盒子里的一团气体。开始，它可能被塞在一个角落，随着时间

---

1. 这个奇怪的名字，来自古希腊的ekpyrosis（火），斯多葛学派认为宇宙是一团大火，在火中诞生、死亡，无限循环。Khoury, Ovrut, Steinhardt和Turok在2001年提出，宇宙是两张平行的膜碰撞产生的一个大火球，然后有了我们的世界。Turok在大会上介绍了他们的这个模型。

的流逝，它扩散开去，越来越均匀，我们的宇宙就这样变得越来越单调乏味。在图6中，时间从左向右流过，熵也从左向右增加。这是第二定律的结果。但是，假如把引力体考虑进来，那么我们将发现还存在反方向的演化趋势。我们可以看到，起初近似均匀分布的物体（在这里我们可以想象它们是恒星或其他引力体），慢慢开始聚集，并最终形成一个黑洞。热力学第二定律以这种方式对引力体发生作用。实际上，两种趋势（图6a和6b）在共同发生作用，我想，这才为我们展开了一幅越来越有趣的图画！所以，我认为这是更乐观的观点。

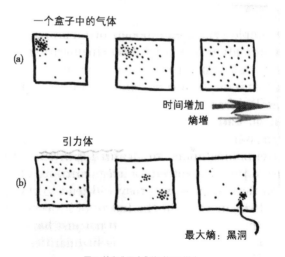

图6 熵和"无序"随时间而增大

霍金的伟大功绩之一，是能给黑洞赋以一个确定数值的正比于视界面积的熵。这是一个惊人的公式，虽然是在贝肯斯坦（Bekenstein）更早的研究基础上做的，但霍金的论证要精致得多。具体说来，他的公式告诉我们，当物体坍缩成为黑洞时，它的熵要远远大于我们在宇宙看到的其他任何事物的熵。所以，我们目前为止在宇宙看到的熵最大的东西，是黑洞。人们曾担心宇宙微波背景辐射的熵会不会太大，但跟我们在黑洞发现的熵比起来，不过是沧海一粟。

接下来看它是如何与我们更熟悉的熵发生联系的。在图7中，我们看见光耀的太阳和黑暗的天空，看见植物在大地生长。人们常说，"好啊，有太阳不好吗？我们的能量可都是从它那儿得来的"。但能量是守恒的，有多少能量来自太阳，就有多少能量回到太空。因为地球本身也能产生热，所以回到空间的能量可能还多一点儿，不过基本说来是一样的。所以，我们并没有从太阳获取能量，但太阳对我们还是至关重要的。我们得到的，其实是低熵状态的能量，它与以下事实相关：太阳是本来黑暗天空里的一个亮点，我们从太阳得到的能量——可见光——具有相对较少的光子，较少的自由度；而返回空间的能量是红外线，每个光子的能量较低，因而需要许许多多的光子

图7　地球存在生命是因为太阳是黑暗天空的一个亮点

才能带回那么多的能量 —— 能量在更多的自由度中扩散。基本就是这样的。

　　我们得到的赖以生存的低熵能量，来自天空的熵的不平衡。假如整个天空都是明亮的，温度和太阳一样，那对我们就毫无意义了。我们只能利用温度的不平衡。在图7中，太阳是黑暗天空的一个非常明亮的点。那么，不平衡从哪儿来呢？还有，太阳从哪儿来的？为什么会有那么一个太阳？因为引力的聚集作用，太阳最终成为黑暗天空的一个热点。如果没有引力，就不会有太阳，也就没有热点。我们能生存是因为存在一个非常均匀的初始分布，它代表一个非常低熵的状态（相对于引力而言）。后来，熵在引力的聚集作用下增大。这是我们讨论中的关键因素。太阳的出现，虽然是我们赖以生存的源泉，却几乎只是熵增大过程中的一个偶然事件而已。

　　我想在这儿强调的，也是我多年来一直谈论的东西。不过我怀疑直到今天人们也没把它当回事。图5的封闭模型就是最好的例证 —— 不是我认为宇宙很可能是封闭的，但我们在这儿最清楚不过地看到了开始与终结的奇点结构有着巨大的差别。回想一下，在这个背景下面，量子引力是 " 为 " 什么的：为了我们解决奇点问题（图1）。实际上，我们总是以这个为 " 借口 "，浪费那么多时间去寻找什么适当的量子引力理论！ 对整个物理学来说，那确实是很重要的理由，因为过去和未来的时空奇点结构的差别是第二定律的基础。宇宙开端（大爆炸）的结构与我们在黑洞发现的结构是迥然不同的。这一点可以定量来说明：后来的奇点是普通类型的，它的弯曲的度量（所谓的 Weyl 曲率）向着无限大发散；而另一方面，在大爆炸时刻，Weyl 曲率似乎在

约束下趋近于零。这个初始的约束实在太强了，计算表明，它完全随
机出现的概率比$10^{10^{123}}$分之一还小。假如谁认为我们寻找的"量子引力
理论"不过是把标准的量子场论强加在标准的广义相对论，那么，因
为两个理论都是时间对称的，他会发现很难说明这个异常的时间不对
称是如何产生的。而这个不对称是我们宇宙的一个现实特征。我们怎
样才能找到这种恰当的不对称理论呢？

霍金辐射与信息丢失

接下来我讲霍金的另一伟大贡献，与黑洞蒸发有关（图8）。他
的发现是，黑洞不但有一个清晰的几何公式赋予的熵，还有相应的
温度。对我们预期的天体物理学起源的黑洞来说，那温度很低很低，
但假如等待足够长的时间——还假定我们生活在一个永远膨胀的宇
宙——我们会等来一个时刻，宇宙环境的温度将比黑洞那一丁点儿
温度还低。于是，黑洞开始蒸发，将能量带走。紧跟着，它开始收缩、
收缩，霍金温度逐渐升高，最后像气球那样"砰"地一声破碎（而不
是"轰然"爆炸，因为从天体物理学的标准看，它实在是微不足道的
爆炸）。

我提出这一点，不是因为我想我们将不得不面临观测它们的难
题；它其实是一个理论问题。包含在黑洞里的大量信息（在相空间体
积的意义上）会遭遇什么事情？藏在坍缩物质中的几乎所有（相当多
的）信息，似乎都丢失了，只在终结时留下轻轻破裂的一声。坍缩过
程的信息是不是一起从宇宙消失了呢？或者，也许我们能以某种方式
把它从那破裂声中找出来？或者，也许它就保留在人们常说的最后的

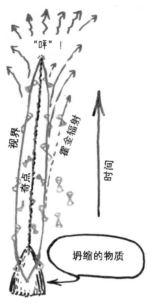

图 8　黑洞通过霍金辐射消亡

"残骸"里？应该说，这个问题还在不同的物理学家中间争论着，没有普遍认可的答案。

至于史蒂芬，他原来相信（我想现在也是）信息丢失了。实际上，我们可以把"丢失"的观点分成两个独立的问题来看——弱丢失和强丢失。他还在跟我讨论这个问题，不过我们当然都站在"信息丢失"一边，至少曾经是的。（我想，自从我读过他关于这个课题的东西后，史蒂芬大概已经改变观点了。）我当然认为他原来的论证是很有说服力的。很难想象，我们怎么能从那破裂声中找回失去的信息，而那残骸更牵扯着五花八门的问题。所以，这提醒我们，我们所认识的正统的量子力学法则，必须以某种方式扩张开去。"弱"丢失与"强"丢失之间存在着差异。史蒂芬做过些许微小的修正，而我相信我们需要寻求更猛烈的东西。我相信的那个需要我们去寻找的猛烈的东西，在我看来，就是解决测量疑难所需要的东西。

测量疑难

我想还说两句我们如何看量子力学。图9想从整体上说明我们的理论如何与物理世界发生联系。在大尺度上做物理，我们用的是经典水平的物理学，如牛顿、麦克斯韦、爱因斯坦的方程，这些方程都是确定的、时间对称的和局域的。当我们把目光转向小东西，我们也可以做量子理论，那就需要用不同的框架，时间演化是通过所谓的幺正演化来描写的。我用C代表经典时间演化，用U代表幺正演化。在我们最熟悉的一种表达形式中，U用薛定谔方程来描写，我曾用过几个词来形容薛定谔方程规定的演化：确定的、时间对称的和局域的。这跟我形容经典物理学的词是完全一样的。于是，这可能暗示着世界的实际演化真的应该如此。不过还有一个问题，因为这还没有完全概括我们是怎样做量子理论的。另外，当某个效应从量子水平扩张到经典水平时，我们还需要所谓的"态矢约化"或"波函数坍缩"来描写它可能经历的过程。我用字母R来代表，而且图9也写出了修饰这个过程的形容词：非确定的、时间不对称的和非局域的。所以，尽管我们以相同字眼来说C和U，但我们也看到了一个截然不同的过程（R），我们通过它来沟通一个水平和另一个水平。[1]

1.量子力学的测量疑难由来已久，《第一推动》丛书里有许多都讨论过，读者可以找来温习。

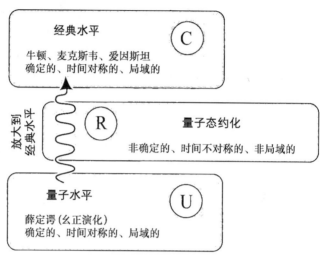

图9 经典物理学和量子物理学的关系

我们来看一个盖革计数器的例子。假如一个量子粒子（这是U作用的物体）进入计数器，那么，一个放大过程会把我们从U水平引向C水平，于是听见计数器发出"滴答"声——"滴答"是C水平的事件。就在这个从U水平向C水平的转移中，我们借用了另外的R过程，它具有与U和C全然不同的本质。

我没有时间在这儿花工夫来谈人们怀有的各式各样的观点，谈他们那些分歧（表面的？）达成妥协的方式。不过从这个例子我们基本上看清了测量疑难。毕竟，盖革计数器是原子、分子等东西做成的物体，而那些东西个个都是量子水平的实体。那么，它跟组成它的那些量子水平的材料，怎么会有那么不同的行为方式呢？疑难就在这里。

现在，也许该具体说说量子理论本身了，尽管时间不多，而且量子理论也不是三两分钟能解释明白的，但我还是想试试。人们常讲量子力学的波粒二象性，讲波和粒子共存图像的矛盾。这里，我们在图10中用了两个理想化的实验来说明。每个图的左边有一个粒子（如光子）源——例如一个灯泡，每隔一定时间发射一个光子。图的中间是一个所谓的分光镜，例如一块半边镀银的镜子：光有一半被它反射，一半通过它。图10（a）说明粒子图像，在A和B有两个探测器，在理想化的情形，总有一个（但不可能是两个）能探测到粒子；另一方面，在图10（b）中，假定我们在A和B有两块完全镀银的镜子，在右上方另有一个分光镜，探测器X和Y等在那儿测量来自两个分光镜的粒子。假定路径都一样长。那么我们可以发现，光子可能经过的两条路径在探测器X神秘地相互抵消了，但在探测器Y却加强了。于是，总是Y看见光子，而X看不见。只有联想到波，两个波的干涉，我们才可能理解这一点，可我们怎么才能让图10的两个图像同时有意义呢？这是波粒二象性问题。

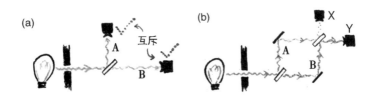

图10　说明波粒二象性的两个实验

我们做量子力学的方法，是利用一种奇异的过程，它似乎总是有效的——图10（b）的两种可能实际上是以一种叠加形式共存的。从某种意义说，两种情形是同时发生的。你正好可以试着把它看作是加权的概率：

$$w \times (\text{情形 A}) + z \times (\text{情形 B})$$

其中 w 和 z 分别是代表两个可能情形的概率的数。但我们不能真的那么看，因为这些数不可能是概率。概率必须是 0 和 1 之间的实数。我们的数 w 和 z 不是实数，而是复数。（复数是包含着 -1 的平方根的数。这些数的出现是薛定谔方程和量子力学其他许多方面的一个基本特征。）它们只是固定在那儿——当 U 演化发生时，我们可以用一种它们根本没有变化的描述方法。等会儿我还要多说几句。不过，在放大到经典水平时，我们需要做 R 的事情（图 9）：把两个数平方，求它们的所谓模 $|w|^2$ 和 $|z|^2$，模确实告诉我们两个情形发生的相对概率。这是完全不同于 U 的过程，U 演化下的两个复数 w 和 z 保持不变，就像是"固定在那儿"的。

实际上，把它们固定起来的关键，是所谓量子的线性特征。在图 11 中，我们可以看到从分光镜出来的光子可能出现的两种情形。一种情形，光子垂直地从分光镜飞出，然后进入某个东西，产生一大堆零碎。而另一种情形呢，光子水平地出来，也进入一样东西，产生一大堆不同的零碎。量子线性告诉我们，假如粒子从分光镜出来的时候就开始发生叠加，那么，它将使那两堆零碎也叠加起来。而且，不论两种可能有多大，我们都将看到它们二者的叠加。

这就直接把我们引向了薛定谔的那个"猫问题"（图 12）。从分光镜出来的光子的两种可能性，现在成了猫是死还是活。应该说，它

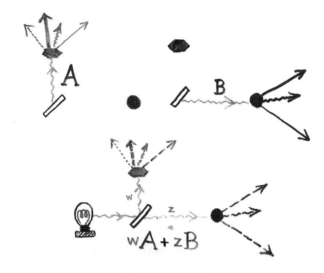

图11 量子力学的叠加原理

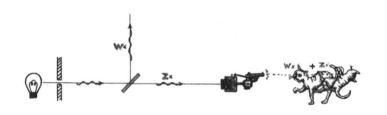

图12 薛定谔的猫

并不真的是薛定谔的一只猫，而只是一个理论的猫，一个"思想猫"——尽管如此，还是有人怪薛定谔（或我）心肠太硬了！我真的想强调，它就是一只"思想猫"。现在，两种可能事件的叠加结果就是：一个"恶毒的"装置杀死或没有杀死我们的（思想的）猫。因为刚才说的线性特征，两个可能发生的事件（猫死或猫活）同时存在于叠加当中。这是量子理论的U演化告诉我们的，也是薛定谔方程告诉我们的。假如我们想让U演化是现实世界发生的惟一演化，那么我们确实可能看到死猫和活猫的叠加。但我们没见过这等事情。实际上，我们必须引进R。如果假定演化是根据U的法则发生的，我们又如何能成功把R引进来呢？这正是戏剧化了的测量疑难。

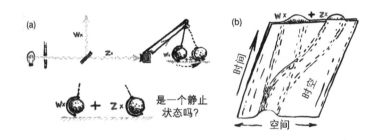

图13 （a）量子叠加在一起的东西；（b）它的时空图像

在我看来，量子理论是一个近似理论，我们需要寻求一个新理论来取代我们今天认识的那三个过程 —— U、R和C。正如我以前说的，关于这一点有各式各样的观点，而且很多人不赞同我解决测量问题的方法。但不管怎么说，在我看来，我们似乎正向着新理论的方向逼近。我想这是激动人心的，因为它意味着一场具有根本特征的物理学革命就要来了，它的根本性超过了我们以往提出的任何思想，包括弦理论，也包括那些我没能记住的古怪的希腊名字的理论。那么，我们有机会看到它成功或失败吗？是的，我想机会很大。在图13，我已经听从了骂我（或薛定谔）不懂怜悯的人们，拿一块想象的东西来代替了那只想象的猫。光子还像以前那样，假如它垂直飞来，那块东西会留在原来的位置；假如它横着飞来，那块东西会从一个地方转移到另一个地方。根据标准的量子力学，物体后来的状态是那两个位置的线性叠加。

这不过是量子理论中非常基本的线性原理的一个特征。

让我们更仔细来考虑图13（b）发生的事情。现在我用的是时空图，时间流垂直向上。根据爱因斯坦的理论，因为那块东西的存在，空间起初会有一点扭曲。时间流过，我们能看到物体在原来位置引发的扭曲，也能看到物体离开以后，移动到另一个可能位置引起的扭曲。请留意，在这张图里，两个不同的时空叠加起来了——那也是量子引力最核心的问题。假如你做量子引力的研究，那么，至少从确实担心那些问题的某个量子引力的思想派别来说，你会去考虑一些非常复杂的思想，拿多个空间的一个来描写不同时空的叠加。

从我个人的立场看，我们不得不忧虑爱因斯坦在广义相对论里要我们忧虑的那个基本的等效原理，那也是哈特尔正确强调过的一个原理——如图14（a）。我们看到，伽利略（或者其他什么人）从比萨斜塔放下一块大石头，一块小石头。伽利略大概没想到让一只昆虫爬在大石头上，但我画了一只昆虫，让它看着小石头。在昆虫眼里，小石头似乎漂浮在空中，仿佛根本没有引力。这在今天的太空旅行已经是寻常事情[图14（b）]。一旦在引力作用下自由下落，引力仿佛就消失了，这是爱因斯坦的基本的等效原理。我想把同样基本的另一样东西用于爱因斯坦的理论，当我们想构造一个拿等效原理做基石的理论时，它也会出现，那就是广义协变性原理。它的一个结果是，我们不可能为任何时空点赋予特殊的物理意义。在图13（b）中，因为量子叠加的物体，我们不得不替叠加中的广义协变性原理担心：把不同空间的点逐个地等同起来，能有什么意义吗？这是我们处在这种情况下必须要问的问题。

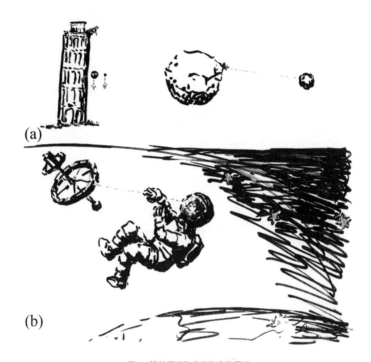

图14　等效原理和广义协变性原理

　　我猜想，物体的每个位置都是一个固定的状态，所以，根据量子力学的法则，那块物体会永远留在其中一个位置。但是，整个叠加也会遵从量子力学的法则而永远固定在那儿吗？即使只为说明这句话的意思，我们也必须明白什么叫作一个状态是固定的，它关系着哈特尔不愿告诉我们的一个方程。在他的方程里有一个时间演化算符（$i\partial/\partial t$），我也不想说。不过有一点可以肯定：为了描述叠加的物理，我们需要知道时间演化算符是什么意思；为了明白那个算符的意思，我们需要知道时空是什么样子；而我们在这里没有"一个时空"，有的是两个时空的叠加。为了让叠加有意义，我们就要面对广义协变性原理。

在我看来，这是我们不得不勇敢面对的问题：我们不应该把一个时空的点与另一个时空的对应点一一等同起来，从而得到单独的一个空间。我们没有单一的时空，所以也并不真的有什么时间演化算符。不过，"还是让我们尽力试试吧"，让我们暂时试着把两个时空等同起来，然后我们来估量那种做法包含了多大误差。我们为这个误差找到了一个确定的表达式，我称它为 E_G，可以把它看作两个状态的质量分布差的引力自能。为了得到这个结果，我们把一块物体当作正质量分布，另一块物体当作负质量分布；就是说，从一个质量分布减去另一个质量分布。这样，我们就得到所谓的质量分布差的引力自能，也就得到 E_G。可以发现，E_G 是非常非常小的能量，但这个微小的能量却很关键。它是叠加当中的能量不确定性的基本度量。

检验量子引力？

现在，人们通常认为，当我们把引力和量子力学凑到一起时，相关的物理量一定会很小，只有琐碎无聊的人才对它们感兴趣。是呀，像 E_G 那么小的能量，不可能对我们在现实世界看到的事物发生影响。但在 E_G 的定义中，有一点我要强调。E_G 度量了基本的能量不确定性，而我想说它多少有点儿像铀核的能量不确定性。我们知道有个海森堡不确定性原理，特别是时间-能量不确定性，它说，假如粒子不稳定，只有一定的寿命，那么时间的倒数大致就是能量的不确定性。好了，现在我们换一个角度来看。我是说，假如我们有一个基本的能量不确定性，那么，它的倒数（以普朗克常数 h 为单位）就是那个状态的寿命的量度。所以我说，那个叠加的状态不会永远停留在那儿。它只能停留一定的时间，那个时间长度真的可以计算，而且可以针对每一个系统计算出来。尽管我说过，那个能量非常微小，但如果计算叠加衰变的时间尺度，我们会发现，它的上限是 h，下限是 E_G。以寻常标准看，两个数都很小，但如果拿一个除以另一个，那么我们会得到一个惊人的大数！ 在量子引力领域的人们遭遇 "非常小数" 时，通常是极端微小的普朗克长度或普朗克时间，不过那些小数的出现，来自两个小数的乘积：普朗克常数与牛顿引力常数。但对我们在这儿考虑的时间尺度的情形，那两个小数是相除而不是相乘。所以，我们需要小心翼翼来看预言的效应是不是很大。如果仔细些，你会发觉你同样不得不替它担心。

实际上，我们正在同牛津的同事（Dik Bouwmeester，William Marshall 和 Christoph Simon）考虑可能检验这些思想的实验。[1] 下面我就大概谈谈实验的基本思想。（也许你奇怪我这样的理论家怎么会卷进一个实验——是啊，也许真是奇怪，其实也不奇怪，因为我有那么好的同事，能做我们想做的事情。我不过是站在幕后，猜测我想的哪些事情可能发生。）实验需要构造一只薛定谔猫——最好还是薛定谔 "块"。不过，这 "块" 东西以寻常眼光来看是很小的，尽管作为量子物它却十分巨大。那是一粒尘埃那么大的一块小镜子。我们想把这面镜子放到两个略微不同的位置叠加的地方——两个位置大约分开一个原子核直径的距离。应该说明，这个想法部分来自我和 Johnnes Dapprich 在 10 年前的讨论。后来，Anton Zeilinger 和他在因斯布鲁克的小组又

---

1. 最近，Penrose 和 Dik Bouwmeester 等人在做一个 10^{14} 个原子（细胞大小）的 "薛定谔猫" 实验，如果成功，量子力学的有效性就朝着宏观方向迈进了 9 个数量级。宾州大学 Max Tegmark 说："假如量子力学在细胞尺度没有问题，那在老鼠或人的尺度大概也不会有什么问题。" [William Marshall，Christoph Simon，Roger Penrose，and Dik Bouwmeester. Towards Quantum Superpositions of a Mirror. *Phys. Rev. Lett.* 91, 130401（2003）.]

补充进许多东西。我原想他们会认为这些想法根本不现实，会笑我异想天开，但他们实际上非常认真地把它当作一种可能。我常说"这个问题如何，那个问题如何"，他们总喜欢回答"好的，我想我们能解决它。"最后我才明白他们的意思。他们说"我想我们能解决它"，真正的意思是，我们也许能在15年后拥有能处理那个问题的技术。

我相信那确实还要经过很长一段时间，不过实验计划也肯定会像图15示意的样子。我真不想在这儿谈它的细节，不过，还是简单谈谈。我们的实验有一个光子源（很像我前面讲的那样），还有一个分光镜，把光子分解到两个路径。如果光子飞向右边，它会轻轻移动镜子，就像图13（a）的那块物体的情形一样。位移大概只有一个原子核直径。然后，我们必须让光子的两个部分在一定的时间里处在相干的状态，不会因为环境的解体而失去关联（别忘了我们可能遇到的其他各种问题）——我想，我们需要那一定的时间间隔来检验量子力学是否能安然通过实验，或者，我现在提出的态约化之类的思想是否会发生作用。实际上，我们需要让光子在叠加态中持续大约十分之一秒。假如光子不一定非用X射线——这样它才可能"重击"小晶体——这大概还算不得什么难事。如何让X射线的光子保持十分之一秒的相干状态呢？一种可能是，我们在太空完成这件事情，这样我们可以基本不受干扰地把光子从一个空间站发送到另一个。假如两个空间站分开一个地球直径的距离，那么光子来回需要十分之一秒。这里存在一个问题，美国宇航局（NASA）等单位正在为它做着类似的事情，知道具体细节的人们也在做着我们想做的事情，而我却是外行。为了让X射线从一个地球直径外的镜面反射回来，我们还会遇到很多物理问题。我们需要瞄准刚从一个地球直径以外的另一面尘埃那么小的镜子反

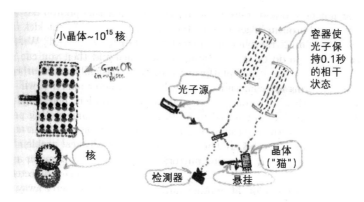

图15 检验量子力学的实验计划

射回来的一个X射线光子，这才是真正基本的难题。

幸运的是，William Marshall，Dik Bouwmeester和 Christoph Simon
带来了一些天才的思想，我们需要的X射线的能量，似乎可以通过寻
常的可见光光子来实现，不过需要在晶体和更大的固定的特殊镜面间
来回反射一百万次。原来的问题就转变为，如何在恰当的时刻释放光
子。我的同事们有着各种灵巧的思想来做这件事情。尽管做起来工作
量很大，但已经纯粹属于怎么做的技术问题了。

为了在以上考虑能发生作用的水平上实现那样一个实验，肯定
还需要一些年月，但对我来说，实验有着极其重大的意义。它将说明
量子力学是否还能像过去那样安然通过实验，或者当我们关心如何
把广义相对论真正同量子力学结合起来时，它会告诉我们量子力学是
否需要一定的修正。我们知道，广义相对论肯定是要改变的 —— 小
尺度不会完全是我们看到的寻常尺度的样子。可量子力学呢？我想它

很可能发生结构的改变，而那改变能帮助我们解决测量疑难。这是因为，在任何测量系统中，如猫或盖革计数器，波函数的约化几乎是在瞬间完成的。它们表现着经典物体的行为，而没有那么大质量位移的东西，则表现出量子物体的行为。因此，我们可以有那么一幅和谐的图像，量子水平与经典水平能共存其间，新物理和新数学思想将在那里搭起沟通的桥梁。于是，C、U和R的一切都将成为某个新的完全和谐的纲领的卓越近似。正如我以前说的，我很乐观。我不知道新理论是什么，但我相信，至少我们外面的某个人，能在未来的某个时候把它给我们带来。我不知道那是什么时候，但如果能活着看到它的出现，应该是很幸福的。

基普·索恩（Professor Kip Thorne）

基普1962年从加州理工学院毕业，1965年获普林斯顿大学博士学位，导师是惠勒。他的研究生涯几乎都是在加州理工学院度过的，1991年任理论物理学费曼讲座教授。自20世纪60年代以来，基普一直站在黑洞和宇宙学的最前沿。多年来，他倡导并促成了LIGO引力波探寻计划。现在，他正领导着一个国际性的相对论天体物理学研究小组。他与惠勒和惠勒的另一个学生Charles Misner合作的《引力论》（*Gravitation*）是学习广义相对论和相对论天体物理学的经典课本。他在20年前出版的《黑洞与时间弯曲》迄今还是内容最丰富多彩的黑洞普及读物。

弯曲的时空

在霍金60岁生日时讲话，是我莫大的荣幸和快乐。特别令我高兴的是，将我的讲话安排在罗杰和史蒂芬之间，因为我要讲的实验计划，正是为了检验史蒂芬和罗杰等人在20世纪60年代和70年代，那个黑洞研究的黄金年代，关于黑洞的迷人的理论预言。

不过，我还要从更早的时代说起 —— 从爱因斯坦说起，1915年，他给我们带来了广义相对论。广义相对论是爱因斯坦的引力定律，它解释了把我们约束在地球表面的那个基本作用力。爱因斯坦断言，引力是时间和空间的弯曲引起的 —— 或者，用我们物理学家喜欢的话说，是时空的弯曲引起的。地球物质产生时空弯曲，那弯曲又通过向地心的引力表现出来。

地心引力并不是时空弯曲的惟一表现；弯曲的内容要丰富得多。正如我们要说的，空间弯曲了，时间流慢了，空间被拖进了飞旋的龙卷风 —— 至少，爱因斯坦的广义相对论是这样预言的。

1916年初，爱因斯坦建立弯曲时空数学定律的几个月之后，史瓦西（Karl Schwarzschild）发现了爱因斯坦广义相对论方程的一个数学解：

$$ds^2 = -(1-2M/r)dr^2 + dr^2/(1-2M/r) + r^2(d\theta^2 + \sin^2\theta d\phi^2)$$

乍看起来，这公式似乎很复杂，实际上它跟所有物理学公式一样，是相当简单的。

　　物理学家很快就认识到，那个公式好像描述了一个把自己从宇宙其他部分"分隔出来"的物体，几十年后，惠勒给它起名"黑洞"。但物理学家并不相信这个古怪的数学解释。在后来的50年里，世界一流的物理学家，包括爱因斯坦本人，都极力反对这个分隔物体的概念。到20世纪60年代初，经过长久的智力奋斗之后，他们才屈服了，最终接受了那个数学怪物。

　　为了解释那个公式说些什么，我带了一个黑洞来（图3）。我旅行

图1　建立广义相对论几年前的爱因斯坦［耶路撒冷希伯莱大学爱因斯坦档案馆藏］

图2　史瓦西，是他发现了爱因斯坦方程的描写非旋转黑洞的解 [美国物理学会
Emilio Segre 视觉档案馆藏[1]]

时一般总带着自己的黑洞上飞机。自从9·11噩梦过后，飞行安全太
紧张，所以我只好向三一学院借一个。假如这个三一黑洞是真的，那
它就不是物质做的，而完全是时空的弯曲做成的。

　　理解那种弯曲的一个方法，是拿黑洞的周长来跟它的直径比较。
通常情形，周长与直径之比等于π，近似等于3。但对黑洞来说，那个
比值实际上要远远小于3。黑洞的周长跟它的直径相比是微不足道的。

　　我们可以通过一个简单类比来理解这一点。拿一张橡皮膜（如小
孩儿的蹦床），用长长的竹竿将它的边缘固定在空中。在床上放一块

---

1. Emilio Segre 与 Owen Chamberlain 因为发现反质子共享了1959年度的诺贝尔物理学奖。以他
的名字命名的视觉档案馆是美国物理学会（AIP）物理学史中心玻尔图书馆的一部分，收藏了
25 000件物理学家和天文学家的照片、幻灯片、版画等视觉资料。

图3 作者手拿一个黑洞 —— 其实是三一学院的一只板球

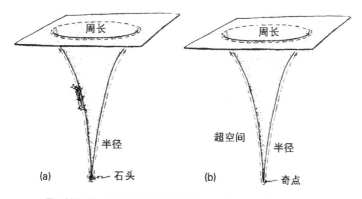

图4 被大石头压塌的橡皮膜（左）是黑洞的弯曲空间（右）的绝妙类比

石头，石头像图4左边那样在床的中央拉出一个长长的洞。现在，我们来看橡皮膜上的一只小蚂蚁。对它来说，橡皮膜就是它的整个世界。再进一步，我们设想那蚂蚁还是瞎子，不可能看到它的世界发生了卷曲。不过，它很容易把那卷曲测量出来。沿着边缘爬一圈儿，它可以度量那个洞的周长；向下爬到中心，它可以度量半径。于是，它发现周长比半径小得太多，违背了欧几里得的平面几何定律。

怎么会这样呢？我们这些在床外面的没瞎的蚂蚁，知道那是为什么：石头把橡皮膜压塌了，就像什么东西卷曲了黑洞的空间。

其实，这是一个绝妙的类比。考虑从黑洞赤道切过的一个面，它会有什么样的几何呢？假如洞的空间跟我们生活的空间一样是"平直的"（多数人是那么认为的），那么切面的几何也跟一张纸的几何一样平直。可黑洞的空间不是平直的，而是弯曲的，所以切面也是弯曲的。如果设想我们是生活在更高维平直空间里的更高维的生命，那么我们可以看见空间出现那样的弯曲。科幻小说作家们管那高维空间叫超空间。生活在假想超空间的超生命可以检验黑洞的赤道面，发现它就像图4右边的样子。

需要注意的是，在超空间的超生命眼里，黑洞空间的弯曲形态，跟寻常空间的普通人看见的橡皮膜的弯曲形态，是完全一样的。在两种情形，周长都远小于直径，而且同样地小。

橡皮膜的中心是一块石头，而黑洞的中心是一个奇点——罗杰在演讲里讨论的那些奇点。石头的重量压塌了橡皮膜；那么，可能有人猜想，同样是奇点的质量弯曲了黑洞的空间。事实不是这样的。黑洞空间是被它的弯曲的巨大能量弯曲的。弯曲以一种"自力更生"的非线性方式产生新的弯曲，这是爱因斯坦广义相对论定律的一个基本特征。

　　我们的太阳系没有发生过这样的事情。整个太阳系的弯曲是非常微弱的，弯曲的能量微不足道，不可能"自力更生"地产生新的弯曲。太阳系内的所有弯曲几乎都是物质直接产生的 —— 太阳的物质，地球的物质，其他行星的物质。

　　不过，黑洞最有名的特征还不在它弯曲的空间，而在它的吞噬力量，如图5（a）。假如我带着微波发射器落进一个黑洞，那么，一旦穿过某个叫黑洞视界的位置，我会被无情地拖下去，直到黑洞中心的奇点。我想发送的任何信号也会随我一同被拉下去，视界外面的人永远也不可能看到我发出的信号。

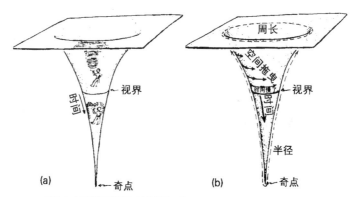

图5 （a）基普落进黑洞，试着给外面的人发送微波信号。（b）旋转黑洞周围的弯曲空间、弯曲时间和空间的旋涡

　　1964年，黑洞的黄金年代开始了，我们才知道黑洞周围的时空弯曲其实是相当复杂的（图5的右边）。弯曲表现出三个特点：第一，空间的弯曲，我已经说过了。第二，时间的弯曲。在视界附近，时间从流动变成缓慢的蠕动；而在视界以下，时间更加弯曲，几乎在我们认

为的空间方向流动 —— 向着奇点的方向"下落"。向下的时间流，实际上就是没有东西能躲过黑洞的原因。任何事物总是被无情地拖向未来，而在黑洞内部，未来是远离视界向下的，所以没有东西能向上穿过视界逃出来。

弯曲的第三个表现是克尔（Roy Kerr）在1963年发现的：黑洞能旋转，正如地球的旋转；黑洞的旋转把周围的空间拖进龙卷风似的运动。跟龙卷风里的空气一样，接近黑洞中心的空间旋转最快，离黑洞越远，旋转越慢。落向黑洞视界的任何东西都被飞旋的空间拖着，一圈圈地绕着黑洞旋转，仿佛在龙卷风中飞旋的一片落叶。在视界附近，谁也不能摆脱卷入旋涡的厄运。

时空弯曲的这三个特点 —— 空间的弯曲、时间的扭曲、空间的旋涡 —— 都是数学公式表达的东西。凭史瓦西和克尔的技巧，爱因斯坦的方程明明白白预言了那些弯曲、扭曲和旋涡。它们是黑洞的基本要素；它们是黑洞赖以形成的东西。

我下面要讲的，除了最后一点回到罗杰的奇点话题上来，都是黑洞视界外面的弯曲时空（图5的右边）。理由是，一旦事物进入视界，它就不可能向外发送信号，所以我们没有办法从外面看见或者探测黑洞内部的事情。因为我要讲以太阳系为基础的仪器去探测黑洞，所以我把探测限于视界，而不再深入下去。

一说黄金年代：1967 — 1974

1964年，是黄金年代的黎明，史蒂芬、罗杰、我和我们的同事都很年轻，还在读研究生，或者刚从研究生毕业。那时，克尔刚发现黑洞能旋转，惠勒还没给它们起名字，统治它们的定律还是一个谜。揭开那个谜是黄金年代的奇迹，而史蒂芬和罗杰正是创造那奇迹的领头人。

史蒂芬最重要的贡献之一，是用爱因斯坦方程数学地预言了每个宁静黑洞（也就是形态不变的黑洞）都具有的一个基本特征。他预言，静态黑洞的视界必然具有球面的拓扑，而不可能是环的拓扑（像油炸圈饼、面包圈或茶杯那样的，如图6上面一行）。除了球面之外的所有拓扑都是不允许的。他还预言，如果黑洞是旋转的，但又有不变的形状，那么，黑洞的形状一定是关于旋转轴圆形对称的，犹如一个旋转的陀螺。换句话说，所有视界的水平截面一定都是圆的，而不会是方的、三角的或其他什么形状的（如图6的下面一行）。原因大体是这样的：假如黑洞有别的什么形状，那么当它旋转时，龙卷风似的空间旋涡将在附近激起向外扩散的时空弯曲的波浪，就像旋转的瓦片在池塘的水面激起波浪；而那波浪将带着能量和角动量离开黑洞，从而改变黑洞视界的形状。于是，黑洞就不会像我们假定的那样是宁静的。

在大家的工作基础上进步，是黄金年代最优秀的品质之一。霍金打好了基础，然后，同行们一个跟着一个——如伊斯雷尔[1]、卡特尔、罗宾逊（David Robinson）、马祖尔（Pavel Mazur）、邦廷（Gary

---

1. 实际上，伊斯雷尔的工作比霍金还早，但霍金为它奠定了新的基础。—— 原注

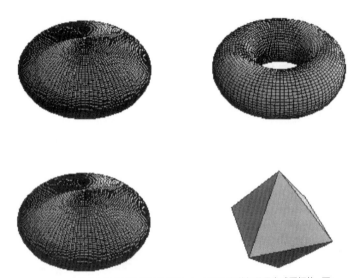

图6　史蒂芬在黄金年代的两个预言。上：宁静黑洞的视界具有球面拓扑。下：
如果宁静黑洞是旋转的，那么它的视界是圆形对称的

Bunting ）—— 在那基础之上竖起一座大厦。最后的大厦是一个神奇的
数学结构，它预言宏观的天体物理学宇宙的宁静黑洞只有"两根毛"。
就是说，只要知道天体物理学黑洞的两个性质，我们就能惟一导出它
所有的其他性质。需要发现的最简单的两个性质，是黑洞的质量（它
的引力作用有多强）和它的自旋（视界面上的空间以多快的速度一圈
圈地旋转）。度量了黑洞的质量和自旋，我们就可以导出黑洞弯曲时
空的所有其他性质的全部细节：时空弯曲的细节、时间流缓慢的细节、
空间旋涡的细节 —— 不论在黑洞附近还是远离黑洞。

　　时空弯曲的三方面特点（空间弯曲、时间扭曲和空间旋涡），都
可以画出来；而那些图画的全部细节，在我们知道了黑洞的质量和自
旋以后，都可以通过黄金年代的数学来预言。

这个奇妙的从霍金到那些后继者们的预言,有时被称作黑洞的惟一性。关于这一点,惠勒说,黑洞无毛,而更准确的说法应该是,宁静的天体物理学的黑洞只有两根毛:*质量*和*自旋*。

LISA:用引力波画黑洞

20世纪70年代以来,这些惊人的预言一直没经过检验。它们似乎是爱因斯坦广义相对论定律的必然结果,但相对论也可能是错的,或者(不太可能)我们误会了它的数学。

现代技术成功把我们引向了检验那些预言的边缘。我相信,在未来10年左右,那些预言就能通过下面的方法来检验。

在遥远的宇宙空间应该存在许多"双星"系统:像图7画的那样,一个小黑洞环绕着一个大黑洞。两个黑洞大小悬殊,小洞也许跟剑桥一样大,而大洞可能比太阳还大一点儿。小洞绕着大洞转,一边转动,一边在时空背景下激起波澜,像池塘的水波一样向外传播出去。我们把那样的波澜称作引力波。

我的学生赖安(Fintan Ryan)根据爱因斯坦方程发现,那些波澜携带的信息,隐藏着大黑洞时空弯曲的全部特征的图像。小洞绕着大洞旋转,缓慢地盘旋着向大洞落下,像探险者一样,把它"看到的"弯曲时空图像编成密码,写进向外传播的引力波。这给我们带来了巨大的挑战:在引力波通过我们的太阳系时,捕获它,解开它密码背后的图像,然后利用图像来检验黄金年代的预言。我在加州理工学院的同事费尼（Sterl Phinney）对照"测地学"（geodesy），命名这项使命为"测洞术"（bothrodesy）。"测地学"通过探测引力场来度量地球的形状，其中的"geo"意思是"大地"；bothro源自希腊文βοθρος（bothros），意思是"垃圾坑"，很久之前，史蒂芬的同班同学卡特尔（Brandon Carter）曾说黑洞是"垃圾坑"。

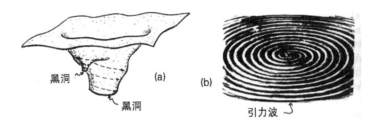

图7 （a）小黑洞环绕着大黑洞，然后慢慢落下去；（b）小黑洞的旋涡激起的引力波

　　小黑洞的引力波通过太阳系时，其物理表现很像池塘的水波。假定水面漂浮着两个木塞，当水波经过时，木塞不仅上下波动，彼此间还相对前后运动。假如我们是生活在水面的蚊子，一定不会发觉上下波动，但可以看见木塞在前后摆动，看见两个木塞的距离忽远忽近。假如波很微弱，而我们很聪明，有着激光技术，那么我们可以用激光来监测经过的水波——从而也就测量了木塞之间的距离的微弱摆动（如图8）。我们寻找和监测引力波的计划，也完全是这个道理。

　　引力波荡漾着的时空弯曲，跟黑洞那不变的弯曲一样，隐藏着丰富细节，但引力波弯曲最有用的特征是空间在伸缩间波动。空间在垂直于波的传播方向上拉伸和挤压。在前半个振荡周期里，引力波在垂直传播的一个方向拉伸空间，同时在另一个垂直方向挤压空间；在后

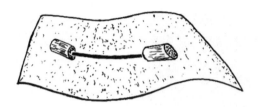

图8 当水波经过时，我们用激光束来监测池塘水面木塞之间的距离

半个周期里，它又反过来，在原来拉伸的方向挤压，而在原来挤压的方向拉伸。假设引力波从我前胸穿过后背，那么，它先是从头到脚地拉我，从左向右地挤我，然后，又向两边拉我，从头到脚压我。如此反复下去（图9）。

图9 引力的拉伸和挤压

　　空间的伸缩都太弱，我们不可能感觉，但我们希望通过监测漂浮在星际空间的"木塞"之间的距离来探测它们。这儿说的"木塞"是飞船，空间的拉伸与挤压将推着它们前后相对运动，而我们可以用以激光为工具的探测仪器来监测它们之间的距离波动，就像图10左边那样。

 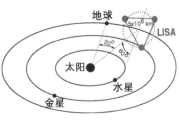

图10 LISA，激光干涉仪空间天线，欧洲航天局（ESA）和美国宇航局（NASA）将联合建造、发射它并用以监测低频引力波。右图的LISA相对于行星轨道放大了10倍左右

这个引力波探测系统叫作激光干涉仪空间天线（LISA）。LISA是一个欧美联合项目，初步计划在2011年发射，它由处于等边三角形顶点的三个飞船组成，每边长500万千米。三个飞船通过沿着三边的激光束连接起来。三个飞船大致沿着与地球相同的轨道绕着太阳运行，不过像图10右图那样落后地球20度。飞船不受任何阻力：它们装备了非常特殊的高精度仪器，能躲过起伏的太阳辐射压力和太阳风的打击——因此，它们只受太阳和行星的持续的引力作用的影响，只对引力波的空间拉伸和挤压产生反应。

飞船间的距离越大，彼此间的振荡位移也越大，因为这一点，我们才会把它们分得那样远。引力波导致的位移 ΔL 与飞船间的距离 L 之比 $\Delta L/L$，等于引力波场的强度，记作 h。这个 h 代表引力波时空弯曲的一个方面，当引力波通过LISA时，它将随时间波动，所以有时我们写成"$h(t)$"。换句话说，位移 ΔL 与飞船间距 L 的关系是 $\Delta L = h(t) \times L$。

图11大体示意了LISA计划如何来检验黄金年代的预言。黑洞对——一个大黑洞带着一个环绕它的小黑洞——的尺度大约为500

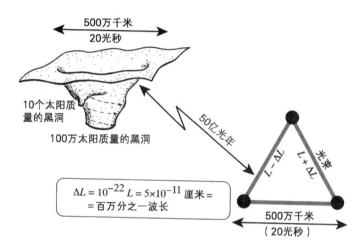

图11 LISA"测洞术"探测大质量黑洞图像的几个参数

万千米，因此，光穿过小黑洞的轨道大约需要20秒。尽管小黑洞的视界跟剑桥的校园一样大，但它的质量（更准确说，它对一定距离处的物质的引力作用的强度）却比太阳的质量（或引力强度）还大10倍；大黑洞更是硕大无比：大约是太阳质量的100万倍。大黑洞飞速旋转，大约66秒转一圈，但在它外面的小黑洞的轨道上，空间的旋转多少会慢一点儿。小黑洞旋转着向大黑洞视界落下时，会趋向旋转更快、引力更强的空间区域，于是轨道进动更快，它在轨道上旋转也更快。逐渐变化的轨道运动和进动产生了我们寻找的引力波——那些带着大黑洞弯曲时空图像密码的引力波。

　　这些引力波从黑洞出来，穿过广袤的星系际空间，经过漫长的30亿光年（大约可观测宇宙的五分之一）的路线，来到我们太阳系。当它们来到太阳系，经过LISA时，波已经变得很微弱了：它引起的空间伸缩只有10^{21}分之一。换句话说，波场$h \approx 10^{-21}$。

LISA的大小，$L = 500$万千米，与小黑洞环绕大黑洞的轨道的大小差不多，而比大黑洞大一点儿（图11）。引力波推着LISA飞船的空间前后振动，振动距离$\Delta L = h(t) \times L \approx 5 \times 10^{-11}$厘米，大约是用来监测飞船运动的光波长的百万分之一。现代技术能测出那么微小的运动，真是了不起！

波的振荡模式$h(t)$就隐藏在LISA测量的空间伸缩$\Delta L = h(t) \times L$当中。我们称那振荡模式为波的波形，画在图12。小黑洞每绕大黑洞一圈，波形振荡两次。空间旋转产生的轨道进动，带来了那些波形的调制模式（图中的9个峰和谷）。当小黑洞旋转着一步步逼近它那最后的灾难的陷落时，波形也逐渐变化。大黑洞弯曲时空的完整图像就隐藏在不断变化着的波形里。这个波形是"测洞术"的关键。

小黑洞在它历程的最后一个月中，环绕大黑洞20 500圈，从比

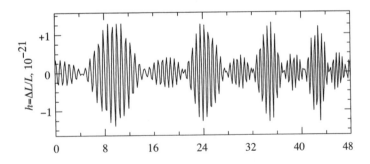

图12 通过LISA的引力波波形 —— 小黑洞即将旋转到它的尽头，落进大黑洞的视界。这个波形是我以前的学生Scott Hughes通过解爱因斯坦广义相对论方程计算的。LISA被假定在大黑洞的赤道面，小黑洞轨道相对它的倾角是40度

大黑洞视界周长大3倍的轨道，旋转着落向那个视界，走完它最后的历程，同时向外发出41 000个周期的引力波。这41 000个周期的波"精心"携带着大黑洞弯曲时空——从3倍视界周长的地方到视界面上——的所有细节的图像。

揭开那些图像，我们能以很高的精度导出大黑洞的质量和自旋。然后，根据质量和自旋，还有霍金等人在黄金年代的惟一性定理，我们可以预言图像的许多其他细节。假如观测的图像符合预言，那我们就神奇地证明了黄金年代的黑洞理论。假如它们不一致，我们就要努力去弄清楚为什么。

"测洞术"还不是小黑洞波形带给我们的惟一收获。我们还将追寻黄金年代留下的其他预言。例如，史蒂芬跟吉姆（哈特尔，他刚做了演说）一起，在1971年预言，小黑洞绕着大黑洞旋转时，必然在大黑洞的视界激起波澜（图13）——就像太阳和月亮在地球上引起海洋潮汐。大黑洞的潮汐反过来又作用在小黑洞，改变它的轨道，也改变它发出的波形；而小黑洞也带着潮汐，改变大黑洞的质量和自旋。我们可以根据观测的波形，以很高的精度来检验史蒂芬和吉姆的预言，

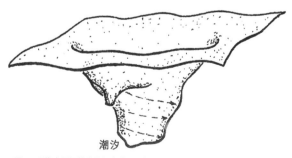

潮汐

图13 环绕大黑洞的小黑洞在大黑洞视界掀起波澜，就像日月在地球引起潮汐

看小黑洞与潮汐相互作用时，那轨道和视界将如何演化。

再说黄金年代：碰撞的黑洞

让我们回到黄金年代，从宁静的黑洞转向高度动态的黑洞——相同质量和大小的黑洞猛烈地碰撞、狂野地振动，然后结合成一个。

理解动态黑洞的关键，是史蒂芬提出的黑洞的绝对事件视界的概念。在罗杰先前研究的基础上，史蒂芬意识到，如果把视界定义为能与不能向外面的宇宙发送信号的两个时空区域的边界，就可以获得强大的预言能力。不能与外面宇宙沟通的区域在黑洞的内部；能与外面沟通的区域在黑洞的外部。

这个定义看起来一目了然，其实并不简单。那时，罗杰、史蒂芬等人曾用过一个不同的视界定义，它的预言力很差。史蒂芬的新定义立刻带来了结果，就是他著名的黑洞力学第二定律：黑洞视界的表面积不可能减小；实际上，在与其他物体发生相互作用时——例如，当另一个黑洞在它表面引起潮汐时，或者什么东西落进来时，它的表面积一般总会增大，至少增大一点儿。而且，史蒂芬还发现，当两个黑洞碰撞并结合时（如图14），它们的视界面积的总和，在整个碰撞、振动和结合的过程中持续增大，最后形成一个宁静的比起初的面积之和更大的黑洞视界。

史蒂芬关于第二定律的证明里实际上就藏着一个"洞"。他的证明依赖于一个他肯定几乎为真的事实，但在20世纪70年代，还没有

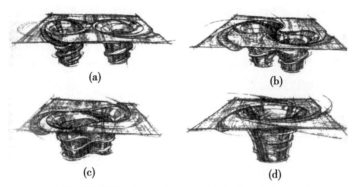

图14　两个黑洞的碰撞与结合：一个艺术家的想象［加州理工学院LIGO计划］

谁证明过它，直到今天也没有。他所依赖的那个东西，就是罗杰的宇宙监督猜想：物理学定律禁止裸奇点。奇点，正如罗杰在今天的演讲中描述的，是无限弯曲的一个时空区域。在黄金年代，罗杰证明了每个黑洞中心一定隐藏着一个奇点，这样的奇点被称作"隐蔽的"，因为它藏在黑洞的视界里。相反，在任何黑洞外面的奇点则是"裸露的"。任何事物，包括人类，都能在洞外的宇宙"看见"它。

如果允许裸奇点，就可以用它来使黑洞发生收缩，也就违背了史蒂芬的第二定律。因此，罗杰的宇宙监督与史蒂芬的第二定律是纠缠在一起的。

动态的黑洞有许多"毛"。我们不可能仅从它的质量和自旋的知识来预言它的性质。它的视界可能以某种方式隆起，而以另一种方式凹陷，也可能像暴风雨中的大海那样，在不同的方向、不同的地方卷起旋涡。20世纪70年代初，我的学生普雷斯（Bill Press）、特奥克尔斯基（Saul Teukolsky）和普赖斯（Richard Price）发现了动态黑洞是如何失去"毛发"的。普雷斯用计算机模拟发现，动态黑洞会产生有节律的脉动；特奥克尔斯基在别人先前工作的基础上建立了脉动的理论；普赖斯则揭示了脉动如何逐渐消失，如何把"毛"带走，最后留下那个宁静的黑洞。

LIGO/VIRGO/GEO：从引力波看碰撞的黑洞

罗杰的宇宙监督、史蒂芬的第二定律、我学生发现的"毛"的脉动消失，所有这些黄金年代的预言，都将通过对来自碰撞黑洞的引力波的监测而得到检验。另外，这些波还会向我们揭示，在强烈扭曲和动荡中，在巨大的非线性振动下，弯曲的时空是怎样活动的。我们还没能聪明地从爱因斯坦方程导出这些行为。引力波是打开它们的钥匙。

这些实验和发现的场所，是一个以地球为基地的引力波探测器的国际网络。它刚开始运行，而且几乎肯定能在10年内，在LISA放飞太空描绘静态黑洞之前，看到黑洞的碰撞。

LISA可以说是看引力波的射电望远镜：它要探测和研究的波很长，相当于地球与月亮或地球与太阳间的距离，甚至更长。而大地基线探测器则更像光学望远镜，它们探测和研究短波长的波，相当于地球尺度或者更小。

图15展现的是最大的地球基线探测器：激光干涉仪引力波天台（LIGO）。虽然LIGO是加州和麻省两个理工学院的科学家在美国资助下建造起来的，但它如今已经成为美国、英国、德国、俄罗斯、

澳大利亚、日本、印度等多国科学家共同的伙伴。与LIGO共同结成网络的伙伴还有在比萨的法/意探测器VIGO，在德国汉诺威的更小的英/德探测器GEO 600。GEO 600的科学家正在为未来探测器开发和试验更先进的技术——那些技术将用于LIGO在2008年的改进升级。如果像我预料的那样，先进技术在GEO 600成功了，那么在未来的几年，在LIGO升级之前，这些小探测器就将成为那些大家伙的成功伙伴。

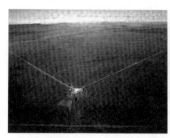

图15 从空中看LIGO引力波探测器，分别在华盛顿Hanford（左）和路易斯安那Livingston（右）[加州理工学院LIGO计划]

把这些引力波探测器的所有结果结合起来，我们就能看到黑洞的碰撞，从而检验黄金年代的预言。

图16大概示意了这些探测器是怎么工作的。地球基线探测器不像LISA那样有着三个在行星际空间飞行的飞船，而是四个沉重的圆柱，原来用石英做的，后来改用蓝宝石。圆柱悬在空中，在引力波影响下前后摇摆。跟LISA一样，我们也用激光束来探测圆柱的相对运动——引力波拉伸和挤压空间所引起的震荡运动。因为这些运动是通过光的干涉（来自探测器两臂的光发生的干涉）来探测的，所以探测器叫干涉仪，于是才有了LIGO这个名字："激光干涉仪引力波天文台"。

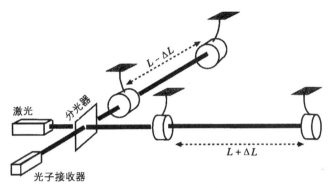

图16　地球基线引力波干涉仪示意图

　　在图17中，我画了两个黑洞碰撞的草图，强调了空间的旋涡，但忽略了黑洞的空间弯曲和时间扭曲。就像图中画的那样，每个黑洞都把空间拖进龙卷风似的旋涡，黑洞的轨道运动也产生空间的旋涡。所以，黑洞看起来很像两个猛烈撞在一起的龙卷风，然后卷起一个更大的旋风。这样巨大的碰撞比宇宙间任何其他事件都更加猛烈，但没有物质卷进来，所以不能发射电磁波。它发出的惟一的波跟黑洞的组成一样，是时空弯曲的波，也就是引力波。引力波是我们能借助来"看"那壮观景象的惟一方法，也是我们向它们开放的惟一窗口。

　　根据黑洞在盘旋着靠拢时发出的引力波，我们可以推测黑洞的质量、自旋和表面积。根据碰撞产生的引力波，我们可以知道在剧烈的非线性弯曲状态下的时空行为。史蒂芬在20世纪70年代预言，黑洞的碰撞最终将生成一个新的黑洞；而我的学生证明，最后那个黑洞一定像铃铛一样在"铃声"中诞生，不过，铃声越来越弱，黑洞也随之"消失"。根据那些"渐行渐远"的波，我们可以推测最后那个黑洞的

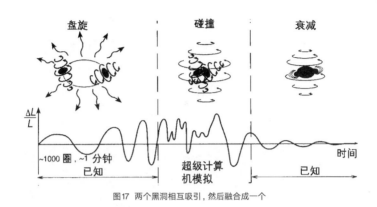

图17 两个黑洞相互吸引，然后融合成一个

质量、自旋和表面积。

把原先计算的黑洞面积加起来，与最后那个黑洞的面积比较，我们就能检验史蒂芬的黑洞力学第二定律。假如总面积没有增大，史蒂芬就错了，爱因斯坦的广义相对论也错了，我们的物理学也就出现了大危机。仔细考察那逐渐消失的波，我们将清楚地看到最后的黑洞如何失去它所有多余的"毛"。我们还可以检验罗杰的宇宙监督猜想，只需要问一个简单问题就行了："最后那东西是一个黑洞还是一个裸露的奇点？"如果它是黑洞，引力波会表现一种形式；如果是奇点，它们将表现迥然不同的形式。

我想，特别有趣的还是黑洞碰撞的波。根据碰撞的波形来解释剧烈的非线性弯曲时空的动力学行为，可不是容易的事情。解释的关键，是把超级计算机模拟的黑洞碰撞拿来比较。我们必须往来于观测的波形和模拟预言的波形之间，反反复复地迭代模拟的波形，以得到一致的结果；然后，通过考察这些模拟来看碰撞中的时空是如何活动的。

一个"数值相对论"的科学家群体20世纪70年代中叶以来就在为这些模拟开发计算软件工具，几乎和实验家们开发引力波技术的历程一样长远。模拟的工具极其复杂，也存在许多缺陷，所以至今还没有完成。要做的事情还很多，不过到2008年LIGO升级的时候（甚至可能更早），也该完成了。图18显示了最近利用部分现有软件工具模拟的结果。

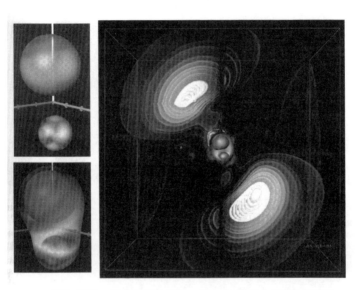

图18　在Edward Seidel和Bernd Brügman领导下，德国Golm爱因斯坦研究所的一群科学家在超级计算机上数值计算的大小不同的两个黑洞接近正面碰撞的情况。左上：两个黑洞即将碰撞时的显视界（真正视界的密切近似）；左下：刚碰撞后的"合成"黑洞的显视界，原来的两个显视界在它里面。右：碰撞产生的双叶引力波模式，三个显视界在它的中心 [Werner Begner绘图，普朗克学会爱因斯坦研究所藏]

寻常物体的量子行为

LIGO的升级一开始就计划好了。从20世纪80年代和90年代的干涉仪雏形到LIGO成熟而巨大的干涉仪，想一蹴而就是不可能的，也是危险的。我们需要一个中间步骤，就是现在开始运行的"初级干涉仪"。有了这样的初级干涉仪，我们就能巩固我们的技术，为升级到成熟的"高级"干涉仪做技术准备。幸运的话，初级干涉仪也能看到黑洞的碰撞；而有了高级干涉仪，我们相信能看到更多的黑洞碰撞，做更多的观测。

高级干涉仪的技术，有许多就是在英国、在格拉斯哥大学开发的；当然，其他地方的研究者也有很多重要贡献，如俄罗斯、意大利和美国的加州和麻省两个理工学院。高级技术正在把我们引向一片人类从未经历过的天地 —— 我们将看到寻常尺度（我们人体的尺度）的物体以量子力学的方式活动。

今天早些时候，我们已经听了有关量子力学的演说。例如，吉姆讲了他与史蒂芬一道把量子力学用于整个宇宙的研究，但我们眼下还不具备检验那些思想的技术。那些巩固量子力学的实验，都是人类在分子、原子、光子和其他亚原子粒子的微观王国里实现的。但这种状况很快就会改变：2008年以后，LIGO的高级干涉仪能以原子核直径的万分之一的精度，监测40千克的蓝宝石镜面（单晶体蓝宝石，图19）的运动。这样的精度是我们所谓的镜面"质心自由度"的量子力学波函数宽度的一半。这个复杂说法的意思是，2008年后，我们能在LIGO看见40千克镜面的量子力学行为。我们正在建立一个全新的高技术分支，叫量子无破坏技术，靠它来应对镜面的宏观、随机的量子力学行为。其实，我本人目前的研究热情都献给它了。在很大程度上，我已经暂时脱离了相对论的研究，为的是帮助无量子破坏技术开花结果。我和我的学生以及布拉金斯基（Vladimir Braginsky，量子无破坏

图19 LIGO镜面，2008年，我们能通过LIGO升级后的干涉仪看到它的量子力学行为

技术的先驱）领导的一个俄罗斯小组，正在一起做这件事情。

从引力波看大爆炸

现在，让我们把眼光从碰撞的黑洞和LIGO技术转向时空结构里的奇点。1964年，罗杰证明了每个黑洞都藏着一个奇点。假如你落进黑洞，那么它的奇点会以复杂的方式把你撕扯粉碎。正像罗杰刚才在演讲里说的，奇点受量子引力定律的支配，这意味着它们应该是我们追寻那些定律的神奇的竞技场。

我们有希望进行奇点的实验观测研究吗？是的，有一个奇点是我们有希望研究的：那就是宇宙诞生的大爆炸的奇点，也就是创生了所有物质——构成我们身体、我们地球和整个宇宙的物质——的那个奇点。宇宙从大爆炸突现以来，经过了巨大的改变，它的今天与它的开始是迥然不同的。不过，我们还是有一线希望透过这些改变，经过宇宙的历史回到它的大爆炸起点，去仔细端详那场大爆炸。

图20解释了我们的希望。在地球上（图20的右端）仰望太空，我们看到宇宙的微波辐射——一个个来自不同方向的微小光子。今天早上，马丁畅谈了那些微观的光子。它们为我们呈现了一幅宇宙在10万年时候的奇妙图画。我们还无法利用那些光子去追溯比10万年更年轻的宇宙，因为在它的第一个10万年里，充满着炽热而致密的气体，光子不可能穿透它们。那时的光子都被散射和吸收了，关于大爆炸的一切信息，即使曾经藏在光子里，也跟着被破坏了。

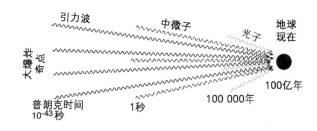

图20 引力波与光子和中微子不同，只有它能"回望"宇宙最初的瞬间

还有一种基本粒子叫中微子，比光子的穿透能力强得多，也是在大爆炸时候产生的。假如哪天看到了来自极早期宇宙的中微子，我们也可以通过它们来描绘1秒钟时的宇宙图景。但在更早的时候，宇宙更炽热、更致密，连中微子也无法穿透，也像光子那样被散射和吸收，从而失去曾经拥有的大爆炸信息。

物理学定律告诉我们，从大爆炸出来而不被破坏，并且具有足够强大的穿透力的辐射，只有引力波一种（图20）。在宇宙的大爆炸诞生中产生的任何引力波，大概都冲出来散开了。从那时到今天，它们没有被任何物质散射和吸收，从而也没经受任何破坏。然而，这些原初的引力波，在宇宙的最初千百万分之一秒中，因为和大尺度动荡的时空弯曲发生相互作用，也可能被扭曲或放大。幸运的是，放大的波可能正好被我们探测，而扭曲也是可以识别的。引力波远不像把信息完全丧失在炽热的原初气体的光子和中微子那么令人烦恼。

于是，为了直接追寻大爆炸和我们最初1秒钟的宇宙，引力波就成了我们理想的工具——实际上也是惟一的工具。在接下来的10年里，引力波探测的神圣使命，就是详尽地研究那最初的1秒和大爆炸奇点。这些研究的初步成果，可能来自不同的引力波探测器，如LIGO或LISA；来自引力波留在宇宙微波光子的极化上的印迹。可惜我没有时间向大家报告那些东西。[1]

宇宙监督：同史蒂芬打赌

看来，研究宇宙诞生那个奇点，我们有美好的前景。可是，今天宇宙的奇点，那些裸露的奇点，我们有希望发现和研究吗？或者，我们能"做"一个那种奇点来研究吗？

物理学的"权威"以罗杰和史蒂芬为代表。（罗杰否认他是那个

---

1. 2004年7月，在第17届国际广义相对论与引力会议（GR17）上，加州理工学院Barry Barish在全会报告上评述了引力波实验（LIGO，VIRGO，GEO，TAMA）的一些结果；大会还有许多内容都与这些实验有关，可惜我们当时还没能看到那些报告的全文。

权威群体的一员。）权威们关于裸奇点的观点很坚决，一点儿不含糊：裸奇点是被禁止的。我们永远不可能发现它们，也不可能制造它们；我们没有希望在实验室研究它们。这个结论隐含在罗杰的宇宙监督猜想中。猜想说，除了大爆炸的奇点外，所有奇点都隐藏在黑洞里面——就是说，所有奇点都在黑洞视界的遮蔽之下。

11年前，史蒂芬同我和普雷斯基尔（John Preskill，我们在加州理工学院的同行）为这一点打过赌（图21）。

Whereas Stephen W. Hawking firmly believes that naked singularities are an anathema and should be prohibited by the laws of classical physics,

And whereas John Preskill and Kip Thorne regard naked singularities as quantum gravitational objects that might exist unclothed by horizons, for all the Universe to see,

Therefore Hawking offers, and Preskill/Thorne accept, a wager with odds of 100 pounds stirling to 50 pounds stirling, that when any form of classical matter or field that is incapable of becoming singular in flat spacetime is coupled to general relativity via the classical Einstein equations, the result can never be a naked singularity.

The loser will reward the winner with clothing to cover the winner's nakedness. The clothing is to be embroidered with a suitable concessionary message.

Stephen W. Hawking   John P. Preskill & Kip S. Thorne
Pasadena, California, 24 September 1991

图21 霍金−普雷斯基尔−索恩赌约

我们立的赌约说：

> 霍金坚信裸奇点是应该被经典物理学定律禁止的讨厌东西，而普雷斯基尔和索恩认为裸奇点是可以脱离视界遮蔽的量子引力体，整个宇宙都能看到。有鉴于此，霍金提出打赌，普雷斯基尔和索恩接受……

接着几句啰嗦的行话，是站在霍金的立场说的；最后是我们的结论：

> [霍金赌] 结果不可能是裸奇点。输家为赢家买一件蔽体的衣服，衣服应绣上适当的认输字据。

史蒂芬已经输了！图22的左边是史蒂芬在加利福尼亚的一个公开演讲时认输的照片。你们看见我也在场，正高兴地向史蒂芬鞠躬，约翰微笑着站在旁边。证明史蒂芬错了，可是件难得的事情！史蒂芬认输了，给我们每个人买了件约定的衣服：一件印着他认输字据的T恤衫。遗憾的是，我必须告诉你们，史蒂芬的话（图22右边）大失风度！他在T恤衫上印了一个披着毛巾的女孩儿。（我的太太和史蒂芬的太太吓了一跳，但史蒂芬说话向来是没有遮拦的。）你们看到了，女孩儿的毛巾上面写着"自然憎恶裸奇点"。史蒂芬勉强认输了，却声称自然憎恶他承认自然能做的事情。那么，他为什么认输呢？又为什么那么没有风度、那么公然自相矛盾呢？

史蒂芬是在超级计算机模拟的坍缩波面前被迫认输的。最初的模

图22　左：史蒂芬承认宇宙监督输了。右：史蒂芬给我们的不太雅观的T恤衫
[左边照片，西南加州大学 Irene Fertik 摄于加州理工学院]

拟是德克萨斯大学丘普图克（Matthew Choptuik）做的，他用的是一种很容易模拟的波，所谓的"标量波"。后来，北卡罗莱纳大学的亚伯拉罕（Andrew Abrahams）和伊万斯（Chuck Evans）又对引力波做了相同的模拟。我下面讲引力波的模拟。

　　不管用什么办法，我们来构造一系列引力波，也就是时空结构的波澜，然后让它们全都涌向一个共同的中心（图23左）。为这些坍缩的波赋以几乎足够但又不太充分的能量，使它们通过自身的非线性相互作用在坍缩中心形成黑洞。丘普图克（还有亚伯拉罕和伊万斯）模拟的就是这样一个过程。他们的模拟揭示了时空的古怪行为。当引力波的时空波澜接近中心时，会以一种疯狂的非线性方式发生相互作用，使时空像壶中的开水那样"沸腾"起来。沸腾引起更大的时空扭曲，使波长越来越短；越来越短的引力波，携带着沸腾的信息，从沸腾的中心流出。假如原先流向中心的波的能量更大一点儿，沸腾的时空可能会生成小黑洞。假如波的能量小一点儿，沸腾就不会那么猛烈，

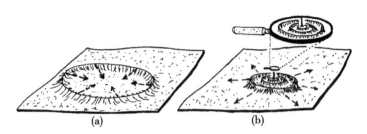

图23 超级计算机模拟的坍缩波，它使史蒂芬被迫承认物理学至少在原则上允许裸奇点

倏忽之间就消失了，也不会在中心产生任何东西。但是，假如仔细调节波的能量，沸腾的时空有可能还在那个中心产生一个裸露的时空无限卷曲的区域——一个裸奇点。几乎所有流向中心的引力波的能量都因为沸腾而转化为向外的波，所以奇点只留下无限小的能量；而我们也确信它只能存在无限短暂的时间（尽管模拟还不能告诉我们肯定的结果）。然而，不管是不是无限小，奇点毕竟是奇点，史蒂芬只好认输了。

可是，丘普图克的模拟却使史蒂芬相信大自然其实是讨厌裸奇点的。为了"迫使"自然产生一个裸奇点，丘普图克不得不精心调节引力波的能量。流入的能量稍微小一点儿，就根本不会有奇点产生；如果能量太大了，奇点会被黑洞的视界遮蔽起来。只有能量调节完全精确，波才可能产生一个无限小的裸奇点。史蒂芬诘难说，这岂不正好证明，自然确实憎恶裸奇点，并且尽一切可能来避免它吗？我们还能指望更好的证据吗？

于是，我们重新打赌，另立赌约。新赌约是这样说的：

霍金因为没有要求一般性["一般性"的意思是裸奇点的生成应该不需要精密的能量调节] 而输了前一次赌，但仍然坚信裸奇点是应该被经典物理学定律禁止的讨厌东西 …… 有鉴于此，霍金特向普雷斯基尔和索恩提出如下赌约 …… 从一般初始条件出发的动力学演化 …… 绝不可能产生裸奇点 ……[我在这儿省略了许多站在史蒂芬立场的多余行话。] 输家要给赢家买一件蔽体的衣服，衣服上必须绣出恰当的真正认输的字句。

这一次，我和约翰恐怕要输了。但不管怎么说，我们的赌约为后代物理学家提出了挑战。迎接那个挑战，理论上需要爱因斯坦方程的数学技巧，数值上需要超级计算机的模拟，另外还需要更多的观测：我们会利用引力波探测器去寻找大的普遍存在的裸奇点。例如，LISA可以画出许多大质量致密天体周围的弯曲时空的图像 —— 无数的小天体飞旋着落向那些大天体，源源不断地发出引力波。每一张图都将揭示大质量天体的结构，不管它是黑洞还是别的什么东西。很可能所有的图都画着黑洞，但我们也可能在它们当中找到一个裸奇点或其他某个意外的物体。那将是多么激动人心的发现！

时间旅行

最后，我简单谈谈史蒂芬和我关于时间旅行的研究经历，因为史蒂芬在他的新书《果壳中的宇宙》里，专门用了一章来讨论这个话题。我从虫洞说起。

图24画的是一个嵌在超空间里的虫洞。它更像两个黑洞（回想一下图4的右边），但是没有奇点。你可以从一个洞口进去，穿过虫洞，从另一个洞口出来。我们都在电影《接触》、《星际旅行》和其他地方见过虫洞，我也用不着做更多解释了。

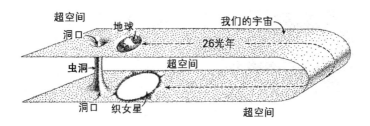

图24 联系我们太阳系与邻近织女星的假想虫洞［来自我的《黑洞与时间弯曲》］

1988年，和学生莫里斯（Michael Morris）一道，我发现尽管广义相对论允许虫洞的存在，但为了维持一个开放的虫洞，必须用负能量材料来构造虫洞的通道。我们现在还不知道物理学定律是否允许在虫洞里聚集足够多的负能量，不过我要忽略这个问题，接着往下说。

1988年，跟莫里斯和另一个学生尤斯特弗（Ulvi Yurstever）一道，我发现，假如我们有了虫洞，那么很容易（至少在原则上）制造时间机器。我和我太太卡洛丽，一人把着一个虫洞口。为了让虫洞成为时间机器，卡洛丽带着她的洞口，乘飞船以极高的速度飞向宇宙（原则上很容易，实际上却很困难！）然后又飞回地球。她的运动改变了穿过虫洞的时间的联络方式：在我看来，如果我从自己的洞口进去，会立刻从她的洞口出来；但在任何一个虫洞外面的人看来，我是在进入虫洞很久之后才出来的。于是，我没变老就走进了未来。如果卡洛丽穿过虫洞，她出来的时刻会远远早于她进去的时刻。这样，她就回到了过去。我在《黑洞与时间弯曲》的最后一章，详细讨论过这个话题。

莫里斯、尤斯特弗和我在发现如何把虫洞转化为时间机器之后，我（和我的博士后金成旺一道）很快意识到，在我们启动时间机器的瞬间，它可能在剧烈爆炸中毁灭自己；另外几个物理学家也独立发现了同样的结果。爆炸是量子力学的辐射涨落（所谓的"真空涨落"）引发的——那些辐射在虫洞刚成为时间机器时穿过虫洞，并且在同一个时刻在空间自我叠加，最后产生无限的能量。至于更详细的描述，可以看我的《黑洞与时间弯曲》。

1990年，金成旺和我用物理学定律在数学上检验了那个爆炸。我们发现，每一个时间机器，不论虫洞做的，还是其他方法做的，都将必然遭遇同样的爆炸。然而，我们也看到，至少在某些情形，爆炸可能很微弱，因而虫洞可能避免毁灭。也许，某个高等的文明能制造一个时间机器。

我们写了一篇文章来说明我们的计算和结论。文章在同行间传阅，史蒂芬几乎立刻就有了回应。在我们的圈子里，如果认为谁错了，几乎是不会对他客气的。"你错了！"史蒂芬说。他写了篇文章解释他的理由，并且把文章投给了物理学杂志中最有声誉的《物理学评论》。

编辑把他的文章寄给我评阅。我费了好几天的时间来看史蒂芬的稿子，因为他的标题"时序保护猜想"太令人费解。史蒂芬在文章里以真正卓绝的技巧，揭示了在有限空间区域创造时间机器的理论细节，接着他令人信服地证明，我们的爆炸总是剧烈的，因而它总会正好在我们启动时间机器的瞬间将它毁灭。正如史蒂芬说的，爆炸将"为历史学家维护世界的安全"；没有谁能回到过去的时间去改变历史。这就是史蒂芬的时序保护猜想——是猜想而不是定理，因为他和我的工作所依据的物理学定律都来自一个多少有点儿贫瘠的领域——在这个领域，我们还不能确定那猜想是否正确；在这个领域，经典的广义相对论开始暴露它的缺陷，而必须代以我们尚未完全认识的量子引力的定律。

1990年以来发生了很多争论：那些爆炸是否总是很强烈？是否总会在高等文明启动时间机器的瞬间毁灭它？目前，所有专家都认同的一点是，我们没有绝对的把握。当然，也许爆炸总是毁灭时间机器，但只有量子引力定律才能确切地知道。为了确定它，我们必须把握那些定律。

在一年多以前我60岁生日时，史蒂芬送我一件礼物。他的礼物是，第一次尝试用量子引力定律来估计时间机器免遭毁灭的量子力学概率，也就是我们成功制造一个时间机器并回到过去的概率。史蒂芬的计算，为时间机器的幸存确定了一个极端微小的概率：$1/10^{60}$，也就是0.000 000 000 000 000 000 000 000 000 000 000 000 000 000 000 000 000 000 000 001。[1]

所以，史蒂芬，在这个场合，在你60岁生日的时候，我要回敬

1.索恩60岁生日的纪念文集叫《时空的未来》，也包括5篇科普演讲，中译本与本书同时出版。

你一个同样有趣的礼物。不过，它恐怕更像一个诺言，而不是一个具体的物理学结果。我给你的礼物是，我们的引力波探测器 —— LIGO、GEO、VIRGO 和 LISA —— 将检验你在黄金年代的预言；在你70岁生日之前，它们就能做得很好。生日快乐，史蒂芬！

我感谢Katheryn Ayres和Linda Simpkin为我准备了口头报告的材料，感谢Paul Shellard把口头报告整理成一篇可读的文稿，为我最后定稿打好了基础。我的弯曲时空和引力波的研究的资助，部分来自国家科学基金会的项目PHY-0099568和NASA项目NAG5-10707。

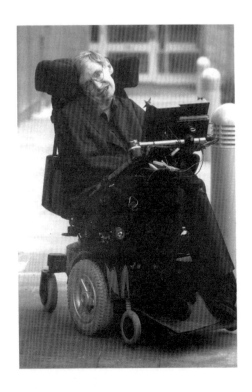

史蒂芬·霍金（Professor S.W.Hawking）

一个自在的心灵，永远航行在奇妙的思想海洋。

—— W. 华兹华斯《序曲》

果壳里的60年

那大约是果壳里的59.97年的事情。圣诞后的几天，我曾和一堵墙有过一次"较量"，墙赢了。[1] 但阿登布鲁克医院又费尽力气地把我拉了回来。

我想跳过我60年里的第一个20年，从1962年10月说起，那是我来剑桥做研究生的时候。我曾申请跟霍伊尔工作，他是稳恒态理论的主要捍卫者，也是当时最有名的英国天文学家。我说天文学家，是因为宇宙学在那时几乎还没有公认的合法地位，但那仍然是我想做的研究，鼓舞来自我跟霍伊尔的学生纳里卡（Jayant Narlikar）共度的一个夏季学期。

然而，霍伊尔的学生已经够多了，我只得失望地被派给西阿玛，我从没听说过他。但那也许是最好的事情。霍伊尔经常出门，很少在系里，我不会引起他更多的注意。而西阿玛总在身旁，随时找我们谈话。他的许多观点（特别是有关马赫原理）我都不赞同，但它们激发了我去发展自己的理论图景。

---

1. 2001年12月28日（就是生日前10天，0.03年），霍金去见妻子Elaine时，轮椅在剑桥的一条小路上撞了墙，自己摔在地下，折了右腿，被送进剑桥大学医学院Addenbrooke医院。

我是怎么开始的

我开始做研究的时候，两个激动人心的领域是宇宙学和基本粒子物理学。基本粒子物理学是生机勃勃、日新月异的领域，吸引了最杰出的思想者；而宇宙学和广义相对论却仍然停滞在20世纪30年代的水平。费曼曾讲过他参加1962年华沙广义相对论与引力论会议的可笑遭遇。他在给夫人的信中写道：

> 我没从会上获得任何东西。我什么也没学到。因为没有实验，这是一个没有活力的领域，几乎没有一个顶尖的人物来做工作。结果是一群笨蛋（126个）到这儿来了，这对我的血压很不好。以后记着提醒我再不要参加任何有关引力的会议了！

当然，我开始做研究时，一点儿也不知道这些事情。但我觉得，那时的基本粒子物理学太像植物学了。量子电动力学（关于光和电子的理论，决定着化学和原子结构）在20世纪40年代和50年代就已经完成了。当时的注意力都转移到了原子核粒子间的强弱相互作用力，不过类似的场理论却似乎不起作用。实际上，剑桥的学者们更是顽固地认为根本不存在基本的场理论；一切都取决于幺正性（也就是概率守恒）和一定的散射特征模式。

今天看来，那个方法会起作用的想法倒是很可笑的；我还记得弱核力的统一场理论的最初尝试所遭遇的嘲笑。不过，我们记住的是这些场理论，而解析的散射矩阵却被人忘了。我很高兴没有从基本粒子开始我的研究；那个时期做的工作不会有幸存下来的。

另一方面，宇宙学和引力论这两个被遗忘的领域，也到了出头的时候。跟基本粒子不同的是，我们有一个很好建立起来的理论，就是广义相对论，但人们认为它实在太难了。大家经常为发现场方程的一个解而欣喜，并不关心那个解是不是有物理意义。这就是费曼在华沙会上遇到的老派广义相对论。但华沙会议也标志了广义相对论的复兴，当然，我们可以原谅费曼当时没能认识到这一点。

广义相对论与宇宙学

新一代研究者走来了，也出现了新的广义相对论研究中心。其中的两个中心对我有特别的意义。一个是约当（Pascal Jordan）领导的，在德国的汉堡。虽然我从没去过，但我很佩服他们的精彩论文，与以前杂乱的广义相对论研究有天壤之别。另一个在伦敦的国王学院，领导者是邦迪（Hermann Bondi），稳恒态理论的另一个倡导者，不过并不完全忠于它，跟霍伊尔一样。

我在牛津的学院没做过多少数学，也没用功学过那些非常简单的物理学课程，所以西阿玛让我做天体物理。但是因为没能跟随霍伊尔，觉得自己上当了，我也不想做什么法拉第旋转之类的事情。我来剑桥原是为了做宇宙学的，宇宙学是我注定要做的。于是，我读广义相对论的老课本，每个星期都跟西阿玛的其他三个学生到国王学院去听讲座。

我能听懂它的语言和方程，但并没真正领会这门学科。另外，我被诊断患了运动神经疾病（ALS），估计不能活着完成我的博士学位了。可是后来，在我研究的第二年结束时，情况突然好转了。我的病没有恶化下去，工作也都有条不紊，开始有眉目了。

马赫原理和惠勒－费曼电动力学

西阿玛很喜欢马赫原理：

一个物体的惯性来自宇宙中所有其他物质的影响。

他想我来做这方面的工作，但我觉得他表述的马赫原理没有很好地定义。不过，他给我介绍了一个有点儿类似的观点，是关于光的，即所谓的惠勒－费曼电动力学。它认为，电和磁是时间对称的。然而，当我们开灯时，正是因为宇宙间所有其他物质的影响，光波才从灯向外传播，而不是从无穷远的地方流向灯（图1）。

图1　惠勒-费曼电动力学。光从灯向外传播，是因为宇宙所有其他物质的影响
［演讲幻灯片］

惠勒−费曼电动力学成立的必要条件是，从灯发出的光应该被宇宙间的其他物质吸收。这样的事情，可能发生在物质密度为常数的稳恒态宇宙，却不会发生在物质密度随膨胀而减小的大爆炸宇宙。有人声称这正是我们生活在稳恒态宇宙的另一个证明（如果说需要证明的话）。关于惠勒−费曼电动力学和时间箭头，1963年召开过一次会议。关于时间箭头的废话令费曼深恶痛绝，他不允许自己的名字出现在会议记录。他被称为X先生，不过人人都知道X是谁（图2）。

图2　关于时间箭头的废话令费曼深恶痛绝，他不允许自己的名字出现在会议记录。他被称为X先生

我发现，霍伊尔和纳里卡已经完成了膨胀宇宙的惠勒−费曼电动力学，接着他们又建立时间对称的新引力论。在1964年皇家学会的一次会议上，霍伊尔报告了他们的理论。我也听了报告。我在提问时说，稳恒态宇宙的所有物质的影响会使他的质量变得无穷大。霍伊尔问我为什么那样说，我说我已经算过了。

人人都以为我是听报告时在头脑中计算的，其实，我和纳里卡同在一个办公室，我见过他们文章的草稿。霍伊尔很生气。那时他正想建立自己的研究所，并且威胁说，如果不给经费，人才就会流向美国。他认为我是被人推出来破坏他计划的。不过，他还是办起了他的研究所，后来还给我一个工作，所以，他并不记恨我。

稳恒态

20世纪60年代初，宇宙学的一个大问题是：宇宙有开始吗？许多科学家本能地反对这个观念，因为他们觉得宇宙创生的那一点也将是科学崩溃的地方。我们也许不得不求助宗教和上帝之手来决定宇宙是如何开始的。于是出现两种可能的图像。一个是稳恒态理论，当宇宙膨胀时，新的物质不断产生出来，以维持不变的平均密度。

稳恒态理论从来不曾有过坚实的理论基础，因为它需要一个负能量场来创生物质。这样一来，物质和负能的产生就失控了，因而是不稳定的。不过，它具有作为科学理论的一大优点：能做出确定的可以通过观测来检验的预言。

到1963年时，稳恒态理论已经陷入困境。卡文迪什实验室赖尔（Martin Ryle）射电天文学小组考察了微弱射电源。他们发现，射电源在整个天空的分布是相当均匀的。这意味着它们在我们银河系的外面，否则它们应该沿着银河聚集。但射电源的数目与强度之间的关系图并不符合稳恒态理论的预言。太多的弱射电源说明源密度在遥远的过去要高得多。

霍伊尔和他的支持者们不断为这些观测结果构造牵强的解释，但暗淡的微波背景辐射在1965年的发现（图3），终于给稳恒态理论带来了"盖棺"的最后一颗钉子。尽管霍伊尔和纳里卡费尽心思，稳恒态理论也解释不了这个发现。幸好我没做霍伊尔的学生，要不我也得去捍卫稳恒态理论。

图3　1965年发现背景辐射的天线照片和原始数据的现代模拟

微波背景说明宇宙在过去曾有一个炽热的阶段。但它并不证明那就是宇宙的开始。我们也可以想象宇宙有过一个收缩的时期，然后，在某个有限的高密度时刻，从收缩反弹到膨胀。这显然是一个基本性的问题，也正是我完成博士论文所需要的。

引力与膨胀的宇宙

引力把物质吸引到一起，而旋转把它们分开。所以，我的第一个问题是，旋转能引起宇宙的反弹吗？我和埃利斯（George Ellis）证明了，假如宇宙是空间均匀的（也就是空间的每一点都相同），那么答案是否定的。然而，那时两个苏联的科学家，栗弗席兹（Lifshitz）和卡拉特尼科夫（Khalatenikov）声称他们已经证明，不完全对称的一般性收缩总会在密度保持有限的情况下引起反弹。这个结果很符合马克思列宁主义的辩证唯物主义，因为它避免了尴尬的宇宙创生问题。于是，它成为苏联科学家们信奉的真理。

栗弗席兹和卡拉特尼科夫属于旧派的广义相对论专家。就是说，他们写下一大堆方程，然后试着去猜方程的解。但他们不清楚发现的解是不是最普遍的一个。然而，彭罗斯引进一种新方法，它不需要具体求解场方程，只需要某些一般性质，诸如能量是正的，引力是吸引的。1965年1月，彭罗斯在伦敦国王学院办过一个讨论班。

我没参加讨论班，但我听卡特尔说过，那时，我和他在白银路的新DAMTP大楼共用一个办公室。起初，我不能理解他说的是什么。彭罗斯证明，当垂死的恒星收缩到一定的半径，必然会出现一个奇点——就是空间和时间走向终结的一点。当然喽，我想，我们已经知道没有东西能阻止大质量的冷星在自身重力下坍缩到无限密度的奇点。但我们实际上只是在理想球状星体的情形解了方程。假如栗弗席兹和卡拉特尼科夫是对的，球对称的偏离会随着星体的坍缩而增大，使星体的不同部分之间相互失去吸引，从而避免无穷密度的奇点。但彭罗斯证明他们错了。对球对称的小偏离不能阻止奇点的产生。

我发现，类似的论证也可以用于宇宙的膨胀。在这个情形，我能证明时空开始的地方存在奇点。于是，栗弗席兹和卡拉特尼科夫又错了。广义相对论预言宇宙应该有一个起点，这个结果没有逃过教会的注意。

彭罗斯和我的原初奇点定理需要假定宇宙有一个柯西面——那

样一个曲面，与所有的类时曲线相交一次，而且只相交一次。因此，我们的第一奇点定理也许只是证明了宇宙没有柯西面。它虽然有趣，但重要性不比时间有起点或终点。于是，我开始证明不需要柯西面假定的奇点定理。在接下来的5年里，彭罗斯、格罗赫（Bob Geroch）和我发展了广义相对论的因果结构理论。对我们自己来说，把握全景的感觉才是愉快的。这跟基本粒子物理学是多么不同啊！在那个领域，人们一直渴望得到最后的思想，现在还那样。

坍缩的恒星

直到1970年，我的主要兴趣还在宇宙学的大爆炸奇点，而不是彭罗斯证明的可能出现在坍缩恒星的奇点。然而，在1976年，伊斯雷尔得到一个重要结果。他证明，除非坍缩星的残骸是完全球对称的，否则它包含的奇点将是裸露的，就是说，外面的观测者能看见它。这就意味着，广义相对论在坍缩星奇点的崩溃，将破灭我们预言宇宙未来的幻想。

首先，大多数人（包括伊斯雷尔自己）都认为这意味着，因为现实的恒星不是球对称的，所以它们的坍缩将产生裸奇点，也将丧失预言能力。然而，彭罗斯和惠勒提出了不同的解释，那就是存在"宇宙监督"。就是说，自然是很"规矩的"，它把奇点藏在黑洞里，没人能看见它。我在DAMTP办公室的门上贴过一张不干胶字条："黑洞是看不见的"（图4）。这令我们的系主任很生气，于是他策划推选我做卢卡斯教授，凭这一点把我搬到一间更好的办公室，然后他偷偷撕下了

图4 宇宙监督认为, 自然是规矩的, 它把奇点藏在黑洞里, 没人能看见它。我在DAMTP办公室的门上贴过一张不干胶字条: "黑洞是看不见的"

老办公室门上那张令人不快的字条。[1]

我的黑洞研究是从1970年的一个发现的瞬间开始的, 那是在我女儿露茜出生几天之后。上床时, 我意识到我可以把我为奇点定理发展的因果结构理论用到黑洞上去。特别说来, 视界 (黑洞的边界) 的面积总是增加的。当两个黑洞碰撞结合, 最后形成的黑洞的面积大于原来两个黑洞面积的总和。这与卡特尔和我发现的其他性质, 意味着黑洞的面积很像它的熵。它度量了一个黑洞在同一个外观下能有多少不同的内在状态。但面积不可能是真正的熵, 因为我们都知道, 黑洞是全黑的, 不可能与热辐射达到平衡。

---

1. 西方人喜欢在汽车后面的保险杠上贴字条 (所谓的bumper sticker), 内容五花八门, 非常有趣。霍金贴在门上的, 跟那类似, 所以图4的照片是汽车尾巴, 不是他原来的门。DAMTP即剑桥大学应用数学与理论物理系。在新办公室门上贴的字条是, "请安静, 老板睡着了!"霍金任卢卡斯教授在1979年, 那是牛顿在1669年首先担任的职务。霍金对这个位置似乎还是很在意的。他记得自牛顿以来300年间所有担任过卢卡斯教授的人的名字!

　　1972年是最激动人心的，在那年的 Les Houches 暑期学校，[1] 我们基本上解决了黑洞理论的主要难题。那时，还没有任何黑洞的观测证据，费曼说过，一个有活力的理论必须靠实验来推动，看来他说错了。M理论也是一样的情形。

　　还有一个从未解决的问题是证明宇宙监督猜想。很多人想否定它，但都失败了。它对所有黑洞的研究都至关重要，所以我坚信它是正确的。于是，我跟索恩和普雷斯基尔打过赌。我想赢很困难，但要我输很容易，只需要找到一个裸奇点的例子。实际上，因为立赌约时措辞不小心，我已经输过一回了。两位很不满意我输给他们的T恤衫（图5）。

图5　我跟索恩和普雷斯基尔打赌输了。两位很不满意我输给他们的T恤衫

---

1. Les Houches 是法国阿尔卑斯山 Chamonix 河谷的一个度假村，森林和草场环绕下的一片牧人小屋就是著名的物理学校。学校成立于1951年，是专门为物理学高级青年学者举办的研习班，时间一般4～6周，世界各地的学者都可以申请参加。每期主题由专门的委员会提前两年决定。霍金参加的那届，主题是黑洞。2004年的主题分别是"纳米尺度的量子传输"（81期），和"从生物物理学和生物信息学看RNA和DNA"（82期）。暑期学校的讲座由Springer出版，是有名的系列出版物。

霍金辐射

我们在经典广义相对论上获得了巨大成功，1973年，与埃利斯合作的《时空的大尺度结构》出版之后，我觉得没有多少遗留问题了。我跟彭罗斯的研究已经证明，广义相对论将在奇点崩溃。所以，下一步显然应该是把"大"的广义相对论与"小"的量子理论结合起来。

我没有量子理论的背景，而奇点问题那时似乎也太难攻克。所以，我先做了热身练习，考虑量子理论统治下的粒子和场在黑洞附近的行为。我特别好奇的是，能不能在早期宇宙里产生原子——它的核是一个原初小黑洞。

为回答这个问题，我研究了量子场会如何被黑洞散射开。我原想部分入射波将被吸收，其余部分将被散射。但结果令我大吃一惊：我发现似乎还有从黑洞发出的波。起初，我想这一定是我的计算出了问题。但后来我相信它是真的，因为那发射正是把视界面积等同于黑洞熵所需要的：

$$S = \frac{Akc^3}{4\hbar G}$$

我愿把这个简单的公式刻在我的墓碑上。

我跟哈特尔、吉本斯（Gray Gibbons）和佩里（Malcolm Perry）一起，发现了这个公式的深层原因。假如我们用虚时间来代替普通的时间，那么广义相对论可以很精妙地与量子理论结合起来。我曾在其他场合试着解释过虚时间，有时候很成功，有时候却不那么成功。我想是它的"虚"名令人困惑。如果接受实证论的观点，认为理论不过是一个数学模型，它就容易理解了。在这里的情形，时间出现两次，数学模型就产生一个负号。这个以虚时间为基础的欧几里得式的量子引力方法，是在剑桥开拓出来的。它遭遇过许多障碍，但现在大家都接受了。

暴 胀

从 1970 到 1980 年，我主要研究黑洞和量子引力的欧几里得方法。但早期宇宙经历过暴胀的思想，重新唤起了我对宇宙学的兴趣。欧几里得方法是描述暴胀宇宙的涨落和相变的最便利的工具。1982 年，我们在剑桥纳菲尔德（Nuffield）召开了会议，圈内的重要人物都来参加了。我们在会上确立了暴胀宇宙的新图景，包括最重要的密度涨落——正是它带来了星系的形成，产生了我们的存在。10 年以后我们才观测到背景微波的涨落，于是，在引力研究中，理论又一次走到了实验的前头。

1982 年的暴胀图像是，宇宙从大爆炸的奇点开始。然后，随着宇宙的膨胀，假定它猛然进入一个暴胀状态。我想这是不能令人满意的，因为所有的方程都会在奇点崩溃。可是，除非我们知道什么东西从初始奇点出来，否则我们不可能计算宇宙会如何演化下去。宇宙学将丧失任何预言能力。

剑桥会议之后，我在刚成立的圣芭芭拉理论物理研究所度过了一个夏天。我们住在学生宿舍，我驾着租来的一辆电动轮椅去研究所。我记得我的小儿子，3岁的提姆，望着落山的太阳说，"那是一个大国家。"

在圣芭芭拉，我和哈特尔讨论如何把欧几里得方法用于宇宙学。根据德维特（Bryce DeWitt）等人的研究，宇宙可以用服从惠勒－德维特方程

$$(G_{ijkl}\partial^2 / \partial h_{ij}\partial h_{kl} - h^{3/2}R)\psi = 0$$

的波函数来描写。但是，代表我们宇宙的那个特殊的解，是凭什么挑选出来的呢？根据欧几里得方法，宇宙波函数是一定类型的虚时间的历史遵照费曼的求和法则得来的。因为虚时间表现为另一个空间方向，虚时间的历史可以是地球表面那样的闭合曲面，没有起点，也没有终

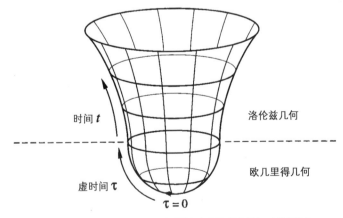

图6 虚时间的历史可以是地球表面那样的闭合曲面，没有起点，也没有终点

点（如图6）。

哈特尔和我认定，这是最自然的选择，实际上也是惟一自然的选择。我们把时间转化为空间，从而躲开了时间起点带来的科学和哲学难题。

M理论与未来

许多做理论物理的人都经过粒子物理学的训练，而不一定懂广义相对论。于是，他们更喜欢计算他们在粒子加速器看到的，而不会去问时间的起点和终点。他们觉得，假如能找到一个原则上能帮他们以任意精度计算粒子散射的理论，那么其他问题也就迎刃而解了。1985年，有人声称弦理论就是那种终极理论。但在后来几年，人们突然发现问题更复杂，也更有趣。

似乎有一个相互关联的理论网，我们称它为M理论（图7）。M理论网中的每个理论都可以认为是同一个理论在不同极限情形的近似。没有一个理论能在任意精度计算散射，也没有一个理论能看作是其他理论背后的基本理论。实际上，它们都是有效的理论，在不同的极限情形发生作用。

弦理论家们一直在以"有效理论"的称呼来蔑视广义相对论，但弦理论也同样是一个"有效理论"，在M理论的膜卷曲为小半径圆柱时，它才有效。说弦理论是有效理论的人不多，但这是事实。

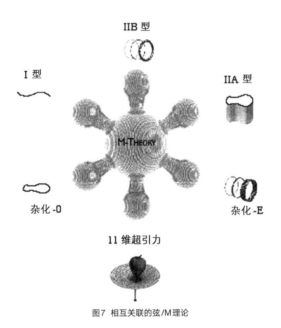

图7 相互关联的弦/M理论

　　人们抱着能以无限精度计算散射的理论梦想，拒绝量子的广义相对论，因为它们是不可重正化的。这意味着，为了得到有限的结果，每一阶计算都需要减去一个不确定的量。实际上，原始的微扰论在量子引力的失败，一点儿也不奇怪。我们不能把黑洞看作平直空间的微扰。

　　最近，我想通过在作用量中增加高阶导数的项，来实现超引力的重正化。这显然把"鬼"引来了 —— 就是负概率的态。[1]然而，我发

---

1. 爱因斯坦20世纪20年代提出"鬼场"（Gespensterfeld，即ghost field）概念，它的"意愿"决定着定向的量子过程（如自发辐射）。鬼场概念后来引出所谓的隐变量等系列量子力学问题。从计算的角度说，"鬼态"是本身没有物理意义而在计算过程中出现的"临时状态"（如负概率的态），结果产生时，它们也消失了。

现这是一个错觉。我们不可能让一个系统处在负概率的状态。但"鬼态"的出现意味着我们不能以任意精度做预言。如果接受这一点,我们就能快乐地"与鬼同在"了(图8)。

图8　我们能快乐地"与鬼同在"

高阶导数和负概率的"鬼态",让我们复活了斯塔洛宾斯基(Starobinski)等俄罗斯科学家们的原始暴胀模型。在这个模型里,宇宙的暴胀性膨胀是大量物质场的量子效应驱动的。根据无边界宇宙的假设,我把宇宙的起源描绘为水蒸气中气泡的生成。(图9)量子涨落使无数的小宇宙同时从虚无中生出。多数小宇宙都复归于无,但有些达到了临界尺度的小宇宙,将以暴胀的形式扩张,形成星系和恒星,甚至形成我们这样的生命。

图9 宇宙像气泡那样产生

结 束

活着做理论物理的研究，是我快乐的时光。我们的宇宙图景在过去40年已经改变了许多，如果说我为它做过点滴贡献，我感到幸福（图10）。

我想跟大家分享我的兴奋和激情。没有什么能比得过发现的瞬间——发现以前我们不知道的东西。

图10 点滴贡献 [20 世纪福克斯公司] [1]

1. 图中围着霍金的三个人，是 Simpson 夫妇（Homer 和 Marge）和他们 8 岁的天才女儿 Lisa。"阿森一家"（*The Simpsons*）在美国几乎家喻户晓，却是 20 世纪 Fox 公司版权所有的卡通人物。他们一家（还有 10 岁的老大 Bart 和 1 岁的小三 Maggie）的"传奇"，从 1989 年开始一直演绎到今天。霍金自己说，"我是 Simpsons 迷，我想它是最有灵气的电视节目，而且总是很讲道德。所以，我很高兴在剧中出现"。1999 年，他的声音"亲自"出现在了其中一集（"They saved Lisa's Brain"）。

尾　声　　　　　　　　　李泳

前面的文章，像一列火车，现在到终点了。如果没有站台，或站台没有一个字，读者（肯定有的）在下车的时候大概会觉得路还没走完，或者走错了地方。那么，请你把这儿当一个简陋的站台，带着你一路的疲惫，停下来和我们一同回味经过的景观和风情。

首先应该怀疑，会上的那8个小标题就代表了理论物理学和宇宙学的未来吗？当然不，它们不过是霍金圈里的人在聚会时想起和谈起的一些东西，而他们的头脑里一定还装着很多别的东西。所以，在不同的场合，我们可以提出不同的问题来。例如，在"弦2000年会"上，M. Duff, E. Witten和D. Gross也选择了10个问题：

1）刻画物理宇宙的那些可以测量的无量纲参数，是原则上可以计算的，抑或是历史或量子力学事件偶然决定从而不能计算的？

2）量子引力如何能帮助我们解释宇宙的起源？

3）质子的寿命有多长？我们如何认识它？

4）大自然是超对称的吗？那么超对称是如何破缺的呢？

5）为什么宇宙表现为1个时间维和3个空间维？

6) 宇宙学常数为什么会有那样的数值？它会等于零吗？

7) M理论的基本自由度是什么？这个理论能描绘宇宙吗？

8) 黑洞的信息疑难该如何解决？

9) 物理学如何解释引力尺度与基本粒子质量尺度之间的巨大悬殊？

10) 我们能不能用量子色动理论来认识夸克胶子禁闭和质量间隙？

最后那个问题，也是Clay数学研究所的7个"千年问题"之一，价值100万美元呢。它们也能形成一个"宇宙学和理论物理学的未来"。

2001年，在预言未来50年时，Lee Smolin列举了7个他个人认为"最重要的"基础物理学和宇宙学的问题：

1) 现在形式的量子理论正确吗？它是否需要修正，要么达到一个合理的物理学解释，要么跟相对论统一起来？

2) 引力的量子理论是什么？普朗克尺度下（10^{-33}厘米，比原子核还小20个数量级）的空间和时间有什么结构？

3) 决定基本粒子性质的那些参数的准确数值，包括它们的质量和相互作用的力的强度，由什么来解释？

4) 用什么来解释我们看到的巨大数量级的比值？为什么两个质子间的引力比它们之间的电斥力小10的40次方？为什么宇宙那么大？为什么它至少比基本的普朗克尺度大60个数量级？为什么宇宙学常数比物理学中的其他参数几乎小同样多的数量级？

5) 大爆炸是什么？从大爆炸中产生的宇宙的性质由什么决定？大爆炸是宇宙的起点吗？如果不是，在它之前发生过什么？

6) 占宇宙密度80%到95%的暗物质和暗能量是由什么组成的？

7) 星系是怎么形成的？我们观测的星系分布图像能告诉我们什么宇宙早期演化的情况？

前面4个问题从60年前就开始不断提出了，一直没有结果；其余3个问题是"新的"。在Smolin看来，未来50年也不大可能回答第3、第4两个问题。

尽管有那么多不同形式的问题，尽管没有爱因斯坦和玻尔，城头变幻的依稀还是两面大纛旗：弦理论与圈理论——至于"第三股势力"，例如索恩和他的引力波探索的战友们，还躲在猎猎旌旗的后面，也不知道该为谁摇旗呐喊——不同阵营的人忙着做不同的事情，同一个阵营的人，也把玩着不同的"技术"，所以几乎每一个暴胀理论家都有自己的暴胀模型；每一个弦理论家都在几何的缝隙寻找对偶的影子。这就是本书的几篇演讲展现的"美好新世界"，一个新的风烟的战国。弦理论似乎初露了霸王的狰狞——至少它的理论家们有了霸王般的自我感觉；而圈理论家还抱着琵琶，不肯出来，私下里却想着"彼可取而代也"。圈引力的大将Smolin发表过对弦和弦理论家的议论，我们"姑妄听之"：

我跟弦理论的主要人物，如Edward Witten, Leonard

Susskind, Renate Kallosh, David Gross, John Schwarz, Michael Green, Andrew Strominger 等，有过许多有趣的对话。我们在方法论上显然大有分歧。他们告诉我，我对科学如何运作的观点是错误的；他们告诉我，不能指望直截了当地去解决基本问题，而应该跟着理论走。一个一流的弦理论家曾多次对我说，"我早就发现弦理论要比我聪明得多"，如果谁想指导理论该怎么走，他一定要"比理论更聪明"。还有人告诉我，弦理论之所以能进行下去，是因为它有"一个守纪律的团体"，领导给团体的研究者下命令，以保证一定的时间只研究几个问题。……

我想，他们关于科学如何运作的观点是错误的。当然，我不是想说我比弦理论和弦理论家更聪明。但我不赞同他们的方法，因为我相信基本的科学问题不是靠碰运气解决的。爱因斯坦常抱怨许多科学家只做简单的问题——如他说的，"在薄弱的木块上打钻"。我和费曼有过几次谈话，他曾说，许多理论物理学家把工夫花在只有数学趣味的问题上。"如果你想发现有意义的事情，"他告诉我，"应该只研究那些能产生新的实验预言的问题。"……

我们可以在想象的世界里生活几年，但最后，科学的任务是解释我们所看到的东西。这时，你可以对着镜子问问自己："当实验结果开始出现时，我愿意生活在11维中玩弄美妙的数学吗？"

弦理论家站出来应对的似乎不多。最近，Carlo Rovelli 报告了他"在美国某个知名大学的自助餐厅听来的"、发生在一个高能物理学教授Simp和一个准备做圈引力的研究生Sal之间的一个"量子引力对话"（我们也许能在某个无名的站台听到同样的谈话）。教授本来站在弦理论一边，可惜他最后竟然被学生问得无言，实在令爱弦者"怒其不争"。我们甚至可以怀疑那对话是Smolin的麾下编派来攻击弦理论的。不过，当他们短兵相接的时候，却只能像鲁迅先生那样"立论"了："啊呀！这孩子呵！您瞧！那么……阿唷！哈哈！Hehe！he，hehehehe！"最后，师生的总结也算"切中要害"：

　　学生：好吧。我想您关于圈引力的结论是：(a) 它跟普通的共形场论偏离太远，(b) 它不完备，(c) 还不能还原低能尺度的物理学……

　　教授：而你对超弦理论的结论是：(a) 它没有描述我们所生活的现实世界，(b) 它可以满足任何实验结果，因此没有预言能力，(c) 它需要的包袱太沉重了，如超对称和额外的维度，我们从来没有见过，(d) 它并没有真正在概念上将量子论与广义相对论的时空概念融合起来……

　　学生：当然，它们可能都是错的……

　　教授：也可能都对。到头来，圈可能描述量子引力的某些方面，而弦描述别的方面……

　　学生：教授，我的话可能因为争论而太偏执了，我想说得更清楚些。我认为弦理论是一个精彩的理论。我对能构筑起这样一个理论的人深感敬佩。然而，一个理论尽管可能令人敬畏，但它在物理上仍然可能是错的。科学史上有许多美妙的思想最终还是错了。我们不能让炫目的数学模糊了双眼。不论研究者们无比的才情、激进的革命，还是动人的宣传，这么多年过去了，弦理论也没有给我们带来什么物理。所有关键的问题依然存在，理论与现实的联系越来越遥远。从那个理论导出的所有物理学预言都跟实验矛盾。将超弦理论看作成功的量子引力理论的老观念我想不再成立了。今天，太多的理论家去拨弄那弦，实在是很大的冒险，无数的心力、一代人的智慧，也许都将浪费在一个美丽虚幻的梦想。还有其他东西值得我们认真对待。追求圈引力的人少得多，也有您指出的那些问题，但它在弦理论无能为力的地方取得了成功，而且离现实更近。想想构造时空的量子激发态，您会真正看到量子理论与广义相对论的对话，美丽的对话。我很尊重弦理论家，但我觉得现在是开拓其他的时候了。至少，您是否觉得两个理论都值得研究？

教授：……

教授最后说了什么，我没听见。我看到他在微笑。然后听他说 Sal 太固执，当然也很聪明。顺便说一句，Sal 同学正在找工作……

Sal 同学最后几句话，似乎带着一丝葡萄的酸味儿，似乎反映了"弱势的"圈引力家们不那么平衡的心态——他们的力量可只有人家的十分之一呀（有人统计，做弦理论的人，比做圈引力的多10倍，而有关弦的文章是多了50倍）！在"马太效应"统治的科学大圈子里，那个"小圈子"多半儿是要吃一点亏的。

有没有调解圈和弦的方法呢？也许有的——至少我们能想象：

在荡漾着引力波澜的池塘里漂着两朵荷花，三片荷叶：

> 真人将花勒下瓣儿，铺成三才，又将荷叶梗儿折成三百
> 骨节，三个荷叶，按上中下，按天地人。真人将一粒金丹放
> 于居中，法用先天，气运九转，分离龙、坎虎，罩住哪吒魂
> 魄，望荷莲里一推，喝声："哪吒不成人形，更待何时！"

（喜欢拿易经来"预言"或解释物理的人，大概很乐意把那五样
物件跟5个弦理论牵连起来。相信斯宾诺莎上帝的人，当然也可以把
"真人"当作心中的自然法则。）就是那个哪吒，也许有那么一天，他
会舞动着弦和圈，突然跳出来站在我们的面前。可惜，我们的文学前
辈像破坏通天塔的上帝一样，让哪吒长了三个头，所以我们可能最终
还是不知道应该听哪一个的。这对我们来说，也许是不幸，到底不能
有答案；也许是幸运，为我们后来者留下了无限的幻想空间。

去年，Smolin向Penrose和Wheeler等众多给他启发和鼓励的前
辈敬献了一篇90页的长文："我们距离引力的量子理论有多远？"结
论是圈与弦都还有关键问题没解决，但在不远的未来，关于普朗克尺
度的洛伦兹不变性的实验，有可能帮助我们淘汰一个或多个量子引力
理论的候选者。这也许是当前我们最客观的态度。

没有可做的实验，没有公认的理论，却容易产生哲学——当科
学远离观测的领域，哲学就走近它；或者说，当科学向传统领地的外
面扩张时，也就在向哲学逼近。有个俄罗斯佛学家说过，"如果一个
尽人皆知的概念，一个基本的、在其每个细节上都如此彻底发挥了

的概念，一个全部学说体系均以之为宗归的概念，尚且如此晦暗而不确定，那学说真可谓令人绝望了"。（他说的是"印度哲学"，那概念指"瑜伽"。）如今那"宗归的概念"落在了"时空"—— 2500多年来，它一直是哲学家的问题，大约在100年前它走进新的物理学，而在20多年前开始成为哲学家和物理学家共同关心的问题。我们可以在《物理学评论》和《广义相对论与引力论》杂志上看到巴门尼德、亚里士多德、莱布尼兹和赖欣巴赫等哲学家的观点，也可以在《科学哲学》杂志看到关于量子引力的时空和广义协变的讨论。物理学家开始怀疑时空是不是还像过去那样基本。尽管它还是弦的活动舞台，但圈已经不需要它了。奥古斯丁曾在2000多年前为时间叹息和诅咒，今天的物理学家也说过许多在过去看来实在不像物理学语言的格言：

> 空间和时间也许注定要毁灭的。（E.Witten）
>
> 我几乎可以肯定，空间和时间是幻觉。（N.Seiberg）
>
> 时空的概念显然是我们不得不马上要抛弃的东西。
> （A.Strominger）
>
> 如果你问很早的时候发生过什么事情，如果你想计算那答案，那么答案是：时间什么意思也没有。（C.Coleman）
>
> 眼下真正的变化在于我们思考空间和时间的方式。我们还没有认真考虑过爱因斯坦教导我们的东西，但很快就会了。那将使我们周围的世界变得超乎想象的奇异。
> （D.Gross）
>
> ……

好了，现在大家可以带上自己思想的行李走开了。

霍金作品目录

(1965 — 2002)

[1] On the Hoyle-Narlikar Theory of Gravitation, *Proc. Roy. Soc.* **A286**, 313 (1965).

[2] Singularities in Homogeneous World Models. With G. F. R. Ellis, *Phys. Lett.* **17**, 246 (1965).

[3] Occurrence of Singularities in Open Universes, *Phys. Rev. Lett.* **15**, 689 (1965).

[4] Occurrence of Singularities in Cosmology, Part I , *Proc. Roy. Soc.* **A294**, 490 (1966).

[5] Occurrence of Singularities in Cosmology, Part II , *Proc. Roy. Soc.* **A295**, 490 (1966).

[6] Occurrence of Singularities in Cosmology, Part III , *Proc. Roy.*

Soc. **A300**, 490 (1967).

[7] Singularities and the Geometry of Space-Time, Adams Prize Essay, Cambridge University (1966).

[8] Helium Production in Anisotropic Big Bang Universes. With J. R. Taylor, *Nature* **209**, 1278 (1966).

[9] Perturbations of an Expanding Universe. *Astrophys. j.* **145**, 544 (1966).

[10] Gravitational Radiation in an Expanding Universe, *J. Math. Phys.* **9**, 598 (1968).

[11] The Cosmic Black Body Radiation and the Existence of Singularities in Our Universe. With G. F. R. Ellis, *Astrophys. J.* **152**, 25 (1968).

[12] The Existence of Cosmic Time Functions. *Proc. Roy. Soc.* **A308**, 433 (1968).

[13] The Conservation of Matter in General Relativity, *Commun. Math. Phys.* **18**, 301 (1970).

[14] On the Rotation of the Universe, *Mon. Not. Roy. Astr. Soc.* **142**,

129 (1969).

[15] The Singularities of Gravitational Collapse and Cosmology. With R. Penrose, *Proc. Roy. Soc.* **A314**, 529 (1970).

[16] Stable and Generic Properties in General Relativity, *General Relativity and Gravitation* **1**, 121 (1970).

[17] Singularities in Collapsing Stars and Universes. With D. Sciama, *Comments on Astrophysics and Space Science* **1**, 1 (1969).

[18] Gravitationally Collapsing Objects of Very Low Mass, *Mon. Not. Roy. Astr. Sor.* **152**, 75 (1971).

[19] The Definition and Occurrence of Singularities in General Relativity, *Lecture Notes in Mathematics* **209**, Proceedings of Liverpool Singularities Symposium II , Springer-Verlag (1971).

[20] Black Holes, Gravity Research Foundation, First Award Essay (1971).

[21] Theory of the Detection of Short Burst of Gravitational Radiation, With G. W. Gibbons, *Phys. Ren.* **D4**, 2191 (1971).

[22] Gravitational Radiation from Colliding Black Holes, *Phys. Rev.*

Lett. **26**, 1344 (1971).

[23] Black Holes in General Relativity, *Commun. Math. Phys.* **25**, 152 (1972).

[24] Black Holes in the Brans-Dicke Theory of Gravitation, *Commun. Math. Phys.* **25**, 167 (1972).

[25] Gravitational Radiation: The Theoretical Aspect. *Contemporary Physics* **13**, 273 (1972).

[26] Evidence for Black Holes in Binary Star Systems. With G. W. Gibbons, *Nature* **232**, 465 (1971).

[27] Solution of the Einstein-Maxwell Equations with Many Black Holes. With J. B. Hartle, *Commun. Math. Phys.* **26**, 87 (1972).

[28] Energy and Angular Momentum Flow into a Black Holes. With J. B. Hartle, *Commun. Math. Phys.* **27**, 283 (1972).

[29] Why is the Universe Isotropic? With C. B. Collins, *Astrophys. J.* **180**, 317 (1973).

[30] The Four Laws of Black Hole Mechanics. With J. M. Bardeen and B. Carter, *Commun. Math. Phys.* **31**, 161 (1973).

[31] *The Large Scale Structure of Space-Time*. With G. F. R. Ellis, Cambridge University Press (1973).

[32] The Event Horizon, *Black Holes*, eds Dewitt and DeWitt, Gordon and Breach (1973).

[33] The Rotation and Distortion of the Universe. With C. B. Collins, *Mon. Not. Roy. Astr. Soc.* **162**, 307 (1973).

[34] A Variational Principle for Black Holes, *Commun. Math. Phys.* 323 (1973).

[35] Causally Continuous Space-Times. With R. K. Sachs, *Commun. Math. Phys.* **35**, 287 (1974).

[36] Black Hole Explosions, *Nature* **248**, 30 (1974).

[37] The Analogy between Black-Hole Mechanics and Thermodynamics, *Annals of the New York Acodemy of Sciences* 4268 (1973).

[38] Particle Creation by Black Holes, *Commun. Math. Phys.* **43**, 199 (1975).

[39] Black Holes aren't Black, Gravity Research Foundation Award Essay (1974).

[40] Black Holes in the Early Universe. With B. J. Carr, *Mon. Not. Roy. Astr. Soc.* **168**, 399 (1974).

[41] The Anisotropy of the Universe at Large Times, *Proceedings of the I. A. U. Symposium on Cosmology* (1973).

[42] Black Holes are White Hot, *Annals of the New York Academy of Sciences* **262**, 289 (1975).

[43] Gravitational Collapse and After, address to the Pontifical Academy of Sciences on receipt of Pius XI Medal (1975). *Commentarii Pontificia Academia Scientiarum* **3** (1976).

[44] A New Topology for Curved Space-Time which Incorporates the Causal, Differential and Conformal Structures. With A. R. King and P. J. McCarthy, *J. Math. Phys.* **17**, 174 (1976).

[45] Black Holes and Thermodynamics, *Phys. Ren.* **D31**, 191 (1976).

[46] Gamma Rays from Primordial Black Holes. With D. N. Page, *Astrophys. J.* **206**, 1 (1976).

[47] Breakdown of Predictability in Gravitational Collapse, *Phys. Rev.* **D14**, 2460 (1976).

[48] Path Integral Derivation of Black Hole Radiance. With J. B. Hartle, *Phys. Rev.* **D13**, 2188 (1976).

[49] Cosmological Event Horizons, Thermodynamics and Particle Creation. With G. W. Gibbons, *Phys. Rev.* **D15**, 2738 (1977).

[50] Quantum Mechanics of Black Holes, *Scientific American* **236**, 33 (1977).

[51] Action Integrals and Partition Functions in Quantum Gravity. With G. W. Gibbons, *Phys. Rev.* **D15**, 2752 (1977).

[52] Zeta Function Regularization of Path Integrals in Curved Spacetime, *Commun. Math. Phys.* **56**, 133 (1977).

[53] Gravitational Instantons, *Phys. Lett.* **A60**, 81 (1977).

[54] Black Holes and Unpredictability, *Annals of the New York Academy of Sciences* **302**, 158 (1977).

[55] Quantum Gravity and Path Integrals, *Phys. Rev.* **D18**, 1747 (1978).

[56] Generalized Spin Structures in Quantum Gravity. With C. N. Pope, *Phys. Lett.* **B73**, 42 (1978).

[57] Comments on Cosmics Censorship, *Phys. Rev.* **D6**, 1747 (1978).

[58] *General Relativity: An Einstein Centenary Survey.* Ed. with W. Israel, Cambridge University Press (1979).

[59] Introductory Survey, *General Relativity: An Einstein Centenary Survey.* Ed. with W. Israel, Cambridge University Press (1979).

[60] The Path Integral Approach to Quantum Gravity, *General Relativity: An Einstein Centenary Survey.* Ed. with W. Israel, Cambridge University Press (1979).

[61] Path Integrals and the Indefiniteness of the Gravitational Action. With G. W. Gibbons and M. J. Perry, *Nucl. Phys.* **B138**, 141 (1978).

[62] Spacetime Foam, *Nucl. Phys.* **B144**, 349 (1978).

[63] Euclidean Quantum Gravity, *Recent Developments in Gravitation*, Cargese Lectures, eds. M. Levy and S. Deser (1978).

[64] Symmetry Breaking by Instantons. With C. N. Pope, *Nucl. Phys.* **B146**, 381 (1978).

[65] Gravitational Multi-Instanton Symmetries. With G. W.

Gibbons, *Phys. Lett.* **B78**, 430 (1978).

[66] Classification of Gravitational Instanton Symmetries. With G. W. Gibbons. *Commun. Math. Phys.* 291 (1979).

[67] Yang-Mills Instantons and the S-matrix. With C. N. Pope. *Nucl. Phys.* **B161**, 93 (1979).

[68] Theoretical Advances in General Relativity, *Some Strangeness in the Proportion*, ed. H. Woolf, Addison-Wesley (1980).

[69] *The Limits of Space and Time*, Great Ideas Today (1979).

[70] Propagation of Particles through Spacetine Foam. With D. N. Page and C. N. Pope, *Phys. Lett.* **B86**, 175 (1979).

[71] Quantum Gravitational Bubbles. With D. N. Page and C. N. Pope. *Nucl. Phys.* **B170**, 283 (1980).

[72] Is the End in Sight for Theoretical Physics? Inaugural Lecture, Cambridge University Press (1980).

[73] Acausal Propagation in Quantum Gravity, *Quantum Gravity: Second Oxford Symposium*, eds C. J. Isham, R. Penrose and D. Sciama, Oxford University Press (1981).

[74] *Superspace and Supergravity*. With Ed. with M. Rocek, Cambridge University Press (1981).

[75] Interacting Quantum Fields around a Black Holes, *Commun. Math. Phys.* **80**, 421 (1981).

[76] Bubble Collisions in the Very Early Universe. With I. G. Moss and J. M. Stewart, *Phys. Rev.* **D10**, 2681 (1982).

[77] Why is the Apparent Cosmological Constant Zero, *Lecture Notes in Physics* **160**, 167, Unified Theories of Elementary Particles, Springer-Verlag (1981).

[78] The Boundary Conditions of the Universe, *Pontificiae Academiae Scientiarvm Scripta Varia* **48**, Astrophysical Cosmology (1982).

[79] Supercooled Phase Transitions in the Very Early Universe. With I. G. Moss, *Phys. Lett.* **B110**, 35 (1982).

[80] The Cosmological Constant and the Weak Anthropic Principle, *Quantum Structure of Spacetime*, eds M. Duff and C. J. Isham. Cambridge University Press (1982).

[81] The Unpredictability of Quantum Gravity, *Commun. Math. Phys.*

87, 395 (1982).

[82] The Development of Irregularities in a Single Bubble Inflationary Universe, *Phys. Lett.* **B115**, 295 (1982).

[83] Positive Mass Theorem for Black Holes. With G. W. Gibbons, G. W. Horowitz and M. J. Perry, *Commun. Math. Phys.* **88**, 295 (1983).

[84] Thermodynamics of Black Holes in Anti-de Sitter Space. With D. N. Page, *Commun. Math. Phys.* **87**, 577 (1983).

[85] Fluctuations in the Inflationary Universe. With I. G. Moss, *Nucl. Phys.* **B224**, 180 (1983).

[86] Wave Function of the Universe. With J. B. Hartle, *Phys. Rev.* **D28**, 2960 (1983).

[87] Enclidean Approach to the Inflationary Universe, *The Very Early Universe*, eds. G. W. Gibbons, S. W. Hawking and S. T. C. Siklos, Cambridge University Press (1983).

[88] The Boundary Conditions in Gauged Supergravity, *Phys. Lett.* **B126**, 175 (1983).

[89] The Cosmological Constant, *Phil. Trans. R. Soc. Lond.* **A310**,

303 (1983).

[90] The Cosmological Constant is Probably Zero, *Phys. Lett.* **B134**, 403 (1984).

[91] Quantum Cosmology, *Les Houches Lectures*, reprinted from " Relativity Groups and Topology " , eds. B. DeWitt and R. Stora, North-Holland (1984).

[92] The Quantum State of the Universe, *Nucl. Phys.* **B239**, 257 (1984).

[93] The Quantum Mechanics of the Universe, *Large-Scale Structure of the Universe, Cosmology and Fundamental Physics*, First E. S. O. CERN Symposium, 21-25 November, eds. G. Setti and L. van Hove. (1983).

[94] *The Unification of Physics*, Great Ideas Today (1984).

[95] The Isotropy of the Universe. With J. C. Luttrell, *Phys. Lett.* **B143**, 83 (1984).

[96] Higher Derivatives in Quantum Cosmology. With J. C. Luttrell, *Nucl. Phys.* **B247**, 250 (1984).

[97] Non-trivial Topologies in Quantum Gravity, *Nucl. Phys.* **B244**, 135（1984）.

[98] The Edge of Spacetime, American Scientific, July-August（1984）. *New Scientist*, 16 th August（1984）.

[99] Limits on Inflationary Models of the Universe, *Phys. Lett.* **B150**, 339（1984）.

[100] Time and the Universe-Reply, *American Scientist* **73(1)**, 12-12（1985）.

[101] Numerical Calculations of Minisuperspace Cosmological Models. With Z. C. Wu, *Phys. Lett.* **B151**, 15（1985）.

[102] The Origin of Structure in the Universe. With J. J. Halliwell, *Phys. Rev.* **D31**, 8（1985）.

[103] Operator Ordering and the Flatness of the Universe. With D. N. Page. *Nucl. Phys.* **B264**, 185（1985）.

[104] The Arrow of Time in Cosmology, *Phys. Rev.* **D32**, 2489（1985）.

[105] Quantum Fluctuations as the Cause of Inhomogeneity

in the Universe. With J. J. Halliwell, *Proceedings of the Third Seminar on Quantum Gravity*, eds. M. A. Markov, V. A. Benezin and V. P. Frolov, Moscow (1984).

[106] Who's Afraid of (higher derivative) Ghosts? paper written in honour of the 60th birthday of E. S. Fradkin (1985).

[107] Quantum Cosmology-Beyond Minisuperspace, with J. J. Halliwell, *Proceedings of the Fourth Marcel Grossman Meeting on General Relativity*, ed. R. Ruffini, Elsevier Science Publishing (1986).

[108] The Density Matrix of the Universe, *Physica Scripta* **T15**, 151 (1987).

[109] A Natural Measure on the Set of all Universes. With G. W. Gibbons and J. M. Stewart, *Nucl. Phys.* **B281**, 736 (1987).

[110] *Supersymmetry and its Applications: Superstrings, Anomalies and Supergravity.* Ed. with G. W. Gibbons and P. K. Townsend, Cambridge University Press (1986).

[111] Quantum Cosmology, *Three Hundred Years of Gravity*. Ed. with W. Israel, Cambridge University Press (1987).

[112] The Direction of Time, *New Scientist* **1568**, 46 (1987).

[113] The Ground State of the Universe, closing remarks given at Quantum Cosmology Workshop, Batavia, IL, May 1–3, 1987, Cambridge University Press (1987).

[114] The Schrödinger Equation in Quantum Cosmology and String Theory, Lecture given at the Schrödinger Conference, Imperial College (1987).

[115] Quantum Coherence Down the Wormhole, *Phys. Lett.* **B195**, 337 (1987).

[116] Wormholes in Spacetime, *Phys. Rev.* **D37**, 904 (1988).

[117] *A Brief History of Time*, Bantam Press (1988).

[118] How Probable is Inflation? With D. N. Page, *Nucl. Phys.* **B298**, 789 (1988).

[119] Baby Universes and the Non-renormalizability of Gravity. With R. Laflamme, *Phys. Lett.* **B209**, 39 (1988).

[120] Black Holes from Cosmic Strings, *Phys. Lett.* **B231**, 237 (1989).

[121] Do Wormholes Fix The Constants Of Nature, *Nucl. Phys.*

B335, 155 (1990).

[122] The Spectrum of Wormholes. With D. N. Page. *Phys. Rev.* **D42**, 2655 (1990).

[123] Wormholes and Non Simply Connected Manifolds, Quantum Cosmology and Baby Universes, eds. S. Coleman, J. B. Hartle, T. Piran and S. Weinberg, *Proceedings of 7th Jerusalem Winter School*, World Scientific Press, Singapore (1991).

[124] Wormholes in Dimensions One to Four, *Proceedings of PASCOS* 90, World Scientific Press, Singapore (1991).

[125] *Alpha Parameters of Wormholes*, Physica Scripta **T36**, 222 (1991).

[126] Gravitational Radiation from Collapsing Cosmic Strings, *Phys. Lett.* **B246**, 36 (1990).

[127] The Effective Action for Wormholes, *Nucl. Phys.* **363**, 117 (1991).

[128] Chronology Protection Conjecture, *Phys. Rev.* **D46**, 603 (1992).

[129] Wormholes in String Theory. With A. Lyons, *Phys. Rev.* **D44**, 3802 (1991).

[130] Selection Rules for Topology Change. With G. W. Gibbons, *Commun. Math. Physics* **148**, 345 (1992).

[131] Causality Violating Spacetimes, *Proceedings of PASCOS* 91, eds. P. Nath and S. Reucross, World Scientific Press, Singapore (1992).

[132] The No-Boundary Condition and the Arrow of Time, *Physical Origins of Time Asymmetry*, eds. J. J. Halliwell, J. Perez-Mercader and W. H. Zurek, Cambridge University Press (1992).

[133] Kinks and Topology Change. With G. W. Gibbons, *Phys. Rev. Lett.* **69**, 12 (1992).

[134] Evaporation of Two Dimensional Black Holes, *Phys. Rev. Lett.* **69**, 406 (1992).

[135] The Beginning of the Universe, *Annals of the New York Academy of Science* **647**, TEXAS/ESO-CERN Symposium on Relativistic Astrophysics, Cosmology and Fundamental Physics, eds. J. D. Barrow, L. Mestel and P. A. Thomas (1991).

[136] Naked and Thunderbolt Singularities in Black Hole

Evaporation. With J. Stewart, *Nucl. Phys.* **B400**, 393 (1993).

[137] Origin of Time Asymmetry. With R. Laflamme and G. Lyons, *Phys. Rev.* **D47**, 12 (1993).

[138] Supersymmetric Bianchi Models and the Square Root of the Wheeler-DeWitt Equation. With P. D'Eath and O. Obregon, *Phys. Lett.* **B300**, 44 (1993).

[139] Quantum Coherence in Two Dimensions. With J. D. Hayward, *Phys. Rev.* **D49**, 5252-5256 (1994).

[140] *Black Holes and Baby Universes and Other Essays*, Bantam Books (1993).

[141] *Euclidean Quantum Gravity and other essays*, eds. S. W. Hawking and G. W. Gibbons, World Scientific Press (1993).

[142] *Hawking on the Big Bang and Black Holes*, World Scientific Press (1993).

[143] The Superscattering Matrix for Two Dimensional Black Holes, *Phys. Rev.* **D50**, 3982 (1994).

[144] The Nature of Space and Time, [hep-th/ 9409195] (1994).

[145] The Gravitational Hamiltonian, Action, Entropy and Surface Terms. With G. T. Horowitz, *Class. Quant. Grav* **13**, 1487–1498 (1996).

[146] Entropy, Area and Black Hole Pairs. With G. T. Horowitz and S. F. Ross, *Phys. Rev.* **D51**, 4302 (1995).

[147] Quantum Coherence and Closed Timelike Curves, *Phys. Rev.* **D52**, 5681 (1995).

[148] Duality of electric and magnetic black holes. With S. F. Ross, *Phys. Rev.* **D52**, 5865 (1995).

[149] Pair production of black holes on cosmic strings. With S. F. Ross, *Phys. Rev. Lett.* **75**, 3382 (1995).

[150] The Probability for Primordial Black Holes. With R. Bousso, *Phys. Rev.* **D52**, 5659–5664 (1995).

[151] Virtual Black Holes, *Phys. Rev.* **D53**, 3099–3107 (1996).

[152] The Gravitational Hamiltonian in the Presence of Nou-Orthogonal Boundaries. With C. J. Hunter, *Class. Quant. Grav.* **13**, 2735–2752 (1996).

[153] Pair Creation and Evolution of Black Holes During Inflation.

With R. Bousso, *Helv. Phys. Acta* **69**, 261–264 (1996).

[154] Pair Creation and Evolution of Black Holes During Inflation. With R. Bousso, *Phys. Rev.* **D54**, 6312–6322 (1996).

[155] Primordial Black Holes: Tunnelling vs. No Boundary Proposal. With R. Bousso, Contribution to the proceedings of COSMION 96, [gr-qc/9608990] (1996).

[156] Evolution of near extremal black holes. With M. M. Taylor-Robinson, *Phys. Rev.* **D55**, 7680–7692 (1997).

[157] Loss of quantum coherence through scattering off virtual black holes. With S. F. Ross, *Phys. Rev.* **D56**, 6403–6415 (1997).

[158] Trace Anomaly of Dilaton Coupled Scalars in Two Dimensions. With R. Bousso, *Phys. Rev.* **D56**, 7788–7791 (1997).

[159] Models for Chronology Selection. With M. J. Cassidy, *Phys. Rev.* **D57**, 2372–2380 (1998).

[160] (Anit-)Evaporation of Schwarzschild-de Sitter Black Holes. With R. Bousso, *Phys. Rev.* **D57**, 2436–2442 (1998).

[161] The Evaporation of Primordial Black Holes, Contribution to

the proceedings of the 3rd RESCUE International Symposium, 185–197 (1998).

[162] Bulk charges in eleven dimensions. With M. M. Taylor-Robinson, *Phys. Rev.* **D58**, 025006 (1998).

[163] Open Inflation Without False Vacua. With Neil Turok, *Phys. Lett.* **B425**, 25–32 (1998).

[164] Is Information Lost in Black Holes, *Black Holes and Relativistic Stars*, ed. R. M. Wald, University of Chicago Press (1998) pp. 221–240.

[165] Open Inflation, the Four Form and the Cosmological Constant. With Neil Turok, *Phys. Lett.* **B432**, 271–278 (1998).

[166] Inflation, Singular Instantons and Eleven Dimensional Cosmology. With Harvey S. Reall, *Phys. Rev.* **D59**, 023502 (1999).

[167] Lorentzian Condition in Quantum Gravity. With R. Bousso, *Phys. Rev.* **D59**, 103501 (1999).

[168] Gravitational Entropy and Global Structure. With C. J. Hunter, *Phys. Rev.* **D59**, 044025 (1999).

[169] Nut Charge, Anti-de Sitter Space and Entropy. With C. J.

Hunter and D. N. Page, *Phys. Rev.* **D59**, 044033 (1999).

[170] Rotation and the AdS/CFT correspondence. With C. J. Hunter and M. M. Taylor-Robinson, *Phys. Rev.* **D59**, 064005 (1999).

[171] A Debate on Open Inflation, pp. 15-22, *Cosmo-98*, *Second International Workshop on Particle Physics and the Early Universe*, ed. David O. Caldwell, AIP Conference Proceedings 478 (1999).

[172] Charged and rotating AdS black holes and their CFT duals. With H. S. Reall, *Phys. Rev.* **D61**, 024014 (2000).

[173] Brane-World Black Holes. With H. A. Chamblin and H. S. Reall, *Phys. Rev.* **D61**, 065007 (2000).

[174] DeSitter Entropy, Quantum Entanglement and AdS/CFT. With J. Maldacena and A. Strominger, *JHEP* **0105**, 001 (2001) .

[175] Stability of AdS and Phse Transitions, *Class. Quant. Grav* **17**, 1093–1498 (2000).

[176] Gravitational Waves in Open de Sitter Space. With Thomas Hertog and Neil Turok, *Phys. Rev.* **D62**, 063502 (2000).

[177] Brane New World. With T. Hertog and H. S. Reall, *Phys. Rev.*

D62, 043501 (2000).

[178] Large N Cosmology, *Cosmo-2000: Proceedings of the Fourth International Workshop on Particle Physics and the Early Universe*, ed. J. E. Kim, P. Ko and K. Lee, World Scientific Publishing (2000) pp. 113-125.

[179] Trace Anomaly Driven Inflation. With T. Hertog and H. S. Reall, *Phys. Rev.* **D63**, 083504 (2001).

[180] Chronology Protection, *The Future of Spacetime, Proceedings of Kipfest* 2000, W. W. Norton and Company Ltd. (2002) pp. 87-109.

[181] *The Universe in a Nutshell*, Bantam Press (2001).

[182] Living with Ghosts. With Thomas Hertog, *Phys. Rev.* **D65**, 103515 (2002).

[183] Why Does Inflation Start at the Top of the Hill? With Thomas Hertog, [hep-th/ 0204212] (2002).

图书在版编目（CIP）数据

果壳里的60年 /（英）史蒂芬·霍金等著; 李泳译. — 长沙: 湖南科学技术出版社, 2018.1（2024.5 重印）
（第一推动丛书. 宇宙系列）
ISBN 978-7-5357-9459-8

Ⅰ.①果… Ⅱ.①史… ②李… Ⅲ.①理论物理学—研究②宇宙学—研究 Ⅳ.① O41 ② P159

中国版本图书馆 CIP 数据核字（2017）第 213928 号

湖南科学技术出版社通过英国剑桥大学出版社获得本书中文简体版中国大陆独家出版发行权
著作权合同登记号 18-2004-101

GUOKE LI DE 60 NIAN
果壳里的 60 年

著者	**印刷**
［英］史蒂芬·霍金 等	湖南省汇昌印务有限公司
译者	**厂址**
李泳	长沙市望城区丁字湾街道兴城社区
出版人	**邮编**
潘晓山	410299
责任编辑	**版次**
吴炜 戴涛 杨波	2018 年 1 月第 1 版
装帧设计	**印次**
邵年 李叶 李星霖 赵宛青	2024 年 5 月第 7 次印刷
出版发行	**开本**
湖南科学技术出版社	880mm×1230mm 1/32
社址	**印张**
长沙市芙蓉中路一段416号泊富国际金融中心	7.5
http://www.hnstp.com	**字数**
湖南科学技术出版社	156 千字
天猫旗舰店网址	**书号**
http://hnkjcbs.tmall.com	ISBN 978-7-5357-9459-8
邮购联系	**定价**
本社直销科 0731-84375808	39.00 元